BBC

生命之色

[英] 马丁 · 史蒂文斯（Martin Stevens） 著
甘冬营 王 乐 译

江苏凤凰科学技术出版社 · 南京

图书在版编目（CIP）数据

BBC 生命之色 /（英）马丁·史蒂文斯著；甘冬营，王乐译．—南京：江苏凤凰科学技术出版社，2023.2（2023.7重印）
ISBN 978-7-5713-3314-0

Ⅰ．①B… Ⅱ．①马… ②甘… ③王… Ⅲ．①动物－普及读物 Ⅳ．① Q95-49

中国版本图书馆 CIP 数据核字 (2022) 第 222830 号

BBC 生命之色

著　　者　［英］马丁·史蒂文斯（Martin Stevens）
译　　者　甘冬营　王　乐
责任编辑　沙玲玲
助理编辑　陈　英
责任校对　仲　敏
责任监制　刘文洋

出版发行　江苏凤凰科学技术出版社
出版社地址　南京市湖南路 1 号 A 楼，邮编：210009
出版社网址　http://www.pspress.cn
印　　刷　南京海兴印务有限公司

开　　本　720mm × 1 000mm　1/16
印　　张　17.5
字　　数　200 000
版　　次　2023 年 2 月第 1 版
印　　次　2023 年 7 月第 2 次印刷

标准书号　ISBN 978-7-5713-3314-0
定　　价　88.00 元

图书如有印装质量问题，可随时向我社印务部调换。

LIFE in COLOUR

HOW ANIMALS SEE THE WORLD

目 录

绪 言

春日里，英国的郊外绿意盎然、色彩纷呈：蓝色风信子如地毯般满覆林下，羽色艳丽的知更鸟、红腹灰雀和其他鸟类往来奔波，五颜六色的昆虫四处飞舞、嗡嗡作响。色彩在自然界中无处不在，几乎没有什么能比绚丽的色彩更能体现生命的多样性。

于人类而言，大自然千姿百态，令人叹为观止，在动物眼中，大自然又是何种景象，色彩又扮演着怎样的角色呢？自然界中的动物体色各异，而这绝非巧合，因为体色在动物行为的方方面面都扮演着重要角色。色彩可以帮助动物吸引配偶、识别同类和其他物种、威慑捕食者，以及诱使其他动物做其原本不打算做的事。

大自然的多姿多彩与动物感知世界的多样化方式息息相关。和我们通常的认知不同，颜色并非仅仅是物体本身的一种自然属性，它还与动物的颜色感知能力有关，反映了视觉器官和大脑皮质对光线的处理机制。当彩虹映入眼帘时，我们会感知到七种绚丽的颜色。而我们之所以能看到彩虹，是因为白色的太阳光照射到空中的小水滴上时，经过一系列反射和折射，白光被分成不同波长的单色光。小水滴就如同三棱镜，太阳光经过时会发生色散。凭借人类眼中的多种视锥细胞（可以感知颜色的感光细胞），我们的视觉器官能够捕捉到不同波长的可见光。我们的大脑根据物体发出的特定波长的光来辨认它的颜色：这种长波光代表红色，那种短波光代表蓝色，等等。但是，某一波段的光本身可能没有特定的颜色。由于不同的动物所拥有的色觉感受器不尽相同，因此，它们所看到的彩虹或者外部世界与我们人类所看到的可能有所不同。当一头海狮看似在透过海水凝视海面上的彩虹时，它实际上什么颜色也没看到。沿着海滩奔

右页图 观者眼中出美景，并非所有动物都能在春天欣赏到地毯般的蓝色风信子造就的美景。

跑的狗可以看到蓝色和黄色，但看不到我们人类所看到的各种粉色或红色。然而，在海浪之上飞翔的海鸥除了可以看到人类能看到的所有颜色外，可能还会看到其他的颜色。能看到什么颜色取决于观察者自身的感知能力。

动物体表的颜色通常不止一种，身上往往还有着各种图案，比如乌桕大蚕蛾翅膀上点缀着精致的眼斑，蝰蛇体表布满链状斑纹。动物必须利用帮助成像的视细胞充分感知所处环境的空间信息，才能看到这些图案。这通常需要使用特定的器官——眼睛。不出所料，在生命演化的漫长历史中，眼睛已历经多次演化，出现了各种形态。最为我们所熟悉的是人类和其他脊椎动物的照相机式眼睛，光线通过瞳孔和晶状体后，聚焦在眼球后部的视网膜上，进而形成图像。然而，其他动物的眼睛结构可谓千奇百怪。例如，昆虫拥有各式各样的复眼，它们的复眼是由多个小眼组成的感知器官，每个小眼均为独立的感光单位，众多小眼形成的像点拼成了一幅图像。在这些复眼动物眼中，静止的外部世界似乎是模糊的。

有些动物的视觉系统令人费解。比如，小型海洋软体动物石鳖全身上下长有数百只眼睛，库氏砗磲与之相似，它们的眼睛闪闪发光，在体表上成行分布。更令人诧异的是，一些动物似乎不需要眼睛这一结构就能够感知外部光线的明暗变化，甚至能够“看到”物体，它们的视细胞通常遍布全身。海蛇尾就是典型代表，它们可以凭借这种优势轻而易举地找到庇护所。很难想象这些动物眼中的世界是什么样的。

动物的眼睛千奇百怪，它们感知外界光线的方式亦多种多样，如此一来，自然界中的生命有着各式体色和形态也许就不足为奇了。不过，大自然的丰富色彩仍令人叹为观止，这些色彩对于动物的生存、觅食和种族繁衍均具有重要作用。而且，正因为动物感知环境的方式不同，所以同样的环境在不同动物眼中可能完全不同。例如，同一种群的动物可以利用竞争者或危险的捕食者所看

左页图 有些身披“铠甲”的软体动物全身都长有结构简单的眼睛，例如生活在加拿大不列颠哥伦比亚省的费氏石鳖。
第 10~11 页图 在哥斯达黎加，这只红眼树蛙通常使用绿色作为伪装色，使用红色作为交流信号。

不到的颜色或光线进行交流。这种隐蔽的交流方式就连人类也无法察觉，因为它们利用的是紫外线或偏振光。自然界是一个色彩斑斓的世界，但每种生物所能感知到的仅仅是大自然的一个局部特写。

在自然界中，并非所有的颜色都是功能性的，但毫无疑问，多种多样的色彩和图案往往发挥着特定的作用，常见的是作为交流机制。一方面，色彩在物种识别中发挥着重要作用，包括帮助动物避免与其他物种交配、辨别特定个体是敌是友。动物的外表会影响它们能否吸引到合适的伴侣、获取追求对象的芳心。另一方面，体色也象征着统治地位和控制力的强弱，这不仅与种族繁衍息息相关，也和获取食物或其他资源有着重要关系。对于许多物种而言，体色还发挥着至关重要的防御作用，防御手段包括警告捕食者自身有毒或体表有刺，以及借助伪装色融入周边环境。此外，动物也会利用颜色“欺骗”其他动物，比如偷偷接近竞争者身边的潜在配偶，又如让其他物种的个体把欺骗者的后代视为己出、悉心抚养。多样性是生活的调味品，在大自然中，诸多色彩的妙用也许就是最好的例证。

右页图 这只生活在马达加斯加的叶尾壁虎堪称“伪装大师”，不论是捕食者还是猎物都无法识破它的伪装。

第一章

是敌是友

地球上的野生动物拥有令人惊艳的斑斓色彩，看看布满醒目环纹的蓝环章鱼或者背部鲜绿的红眼树蛙就知道了——但这些色彩并不仅仅是为了装点它们自己。体色的重要性不可小觑，因为它决定着动物行为是否惹眼，同时也是影响其他动物行为的关键因素。

物种间如何实现有效交流是进化必经的重要阶段。栖息于珊瑚礁中的种种生物向我们展示了物种间体色和体表图案的多样性，最具有代表性的莫过于生活于此的各种鱼类。岩礁鱼的体表点缀着深浅不一的黄色、蓝色、粉色和红色，让潜入这片生机勃勃的栖息地的潜水者们眼花缭乱。有些鱼从珊瑚礁的缝隙中小心探视，另一些则成群结队、明目张胆地在珊瑚礁中穿梭环游。双锯鱼（一

上图 珊瑚礁中色彩绚丽，许多栖息于此的鱼类都能通过艳丽的体色进行交流，包括生活在红海的燕尾鲈与克氏双锯鱼。

般俗称“小丑鱼”）也许是最广为人知的一类鱼。在它们之中，最具辨识度的要数海葵双锯鱼，这种鱼有着特征鲜明的外观：橙色的身体缀着白色条纹，鱼鳍边缘通常为黑色。这种鱼色彩艳丽且富有魅力，许多卡通角色都以它们为原型。

在自然界中，双锯鱼大约有 30 种，其起源可以追溯到 1 000 万 ~2 000 万

年前，它们主要分布在东南亚和澳大利亚北部地区。双锯鱼的受精卵一经孵化，仔鱼就会进入短暂的浮游阶段，在海洋中漂浮一段时间、长成稚鱼之后再寻找合适的珊瑚礁定居下来。稚鱼寻找适宜栖息地的这一过程本身就非同凡响，在许多情况下，它们确实能闻到珊瑚礁的味道，或者根据生长在附近陆地上（通常是在岸边）的树木散发的气味来定位珊瑚礁。这些信息为稚鱼提供了可靠的指引，帮助它们寻找舒适的家园。稚鱼也会根据环境噪声来定位珊瑚礁。虽然人类难以察觉，但珊瑚礁确实是个嘈杂之处，栖息于此的许多鱼类和其他动物大多用声音传递信息，它们在打斗、进食以及进行其他日常活动时会制造各种噪声。

一旦选择了合适的栖息地，双锯鱼就会锁定一种特定的生物——海葵。这也是双锯鱼的另一个名字——海葵鱼的由来。双锯鱼依赖于海葵的保护，成年双锯鱼总是和海葵生活在一起。海葵的刺细胞可以保护双锯鱼免受捕食者的伤害，双锯鱼甚至还可以厚着脸皮从海葵那儿“分一杯羹”。目前还未完全探明双锯鱼是如何避免被海葵蜇伤的，但人们推测，双锯鱼身体表面的一层特殊黏液可保护它们不被蜇伤。其实，双锯鱼也经历了一个适应性过程，在这个过程中，双锯鱼会逐渐增加与宿主海葵的接触，直到它们可以在蜇人的海葵触手中往来自如（它们看起来就像在海葵中跳舞）。毫无疑问，双锯鱼从它们的海葵家园中受益颇丰。研究表明，与海葵共生的双锯鱼的寿命通常比不依赖海葵的体型相似的鱼类长 6 倍。此外，双锯鱼会在海葵附近产卵，让这些卵也得到海葵的庇护。

反过来，海葵似乎也从双锯鱼那里获益不少。对于海葵而言，双锯鱼的游动会增加流经海葵的水流量，双锯鱼还会经常清理居住环境、气势汹汹地赶走潜在的海葵捕食者。这是一个典型的互惠共生案例，双方都从这种关系中受益颇丰。

右页图 躲在海葵中的双锯鱼。

双锯鱼的外观相当丰富多样。它们的体表基色涵盖了红色、棕色、橙色和黑色等颜色，体表的条纹一般不多于 3 条，条纹的形状和位置根据品种的不同而有所差异。双锯鱼的体型也不尽相同，有些品种的体长最多只有 7 厘米，有的则可能超过 15 厘米。双锯鱼绚丽的色彩来源于它们体内的多种色素细胞，它们特殊的细胞和组织结构具有反光特性，在反射白光时条纹尤为显眼。双锯鱼稚鱼身上的条纹数量有时比成鱼多，当其逐步发育成熟时，体表的条纹数量通常会减少。

至于双锯鱼体表条纹和基色的功能，以及不同品种间为何存在色彩差异，人们尚未充分了解。在某种层面上，特定的外观可能有助于它们进行伪装，使其融入珊瑚礁的环境并隐藏原有的身体轮廓。鉴于栖息地的缤纷环境，体表艳丽对于双锯鱼等岩礁鱼而言并不一定是坏事，它们也许能更好地融入栖息环境。此外，双锯鱼的醒目体色在一定程度上甚至可以威慑捕食者，因为它们可是与危险的海葵为邻。潜在的捕食者可能会读懂双锯鱼的警告，意识到自己一旦冒险靠近就可能会被海葵的刺细胞蜇伤。

关于体色的作用，迄今为止最好的例证就是，在鱼类的世界中，特别是在它们识别同类时，体色至少在一定程度上发挥着交流作用。

科学研究表明，生活在不同水域的双锯鱼身上的条纹特征如何，取决于附近其他种类的双锯鱼的体色是否多样。生活在同一水域的鱼类往往会有不同的体色和体表图案——这是为了识别同类。独特的体表条纹能够帮助双锯鱼在同种间进行个体联系，并且还可能有助于巩固其在种群中的统治地位，加强其他类型的信息交流。在双锯鱼群体中，配对繁殖的双锯鱼的地位比其他无法繁殖的个体更高。此外，有时不同群体的双锯鱼会占据着珊瑚礁的同一部分，甚至共享同一个海葵。这些不同的群体之间也有等级划分，某个群体会比另一群体享有更高的统治地位。当这种情况发生时，那些共享海葵的不同群体往往会在

左页图 印度洋 - 太平洋海域中的海葵双锯鱼（上）、克氏双锯鱼（下）。

体色或体表图案上有所不同，以免相互混淆。

***

背后的科学

动物不遗余力地将同类和其他相近物种区分开来，这背后的原因有很多。其中一个原因是，精心设计求偶仪式让潜在伴侣相信自己值得信赖，这其实是一项相当耗费精力和时间的活动。求偶者如果误向其他种类的个体大献殷勤，就会白白浪费精力和时间。即便不同的物种最终交配了，也可能会出现一系列后续问题，例如无法成功受精，又如繁衍的后代无法存活或正常生育，因为这样的后代患上某些疾病的风险可能会增加。简而言之，种间杂交通常不是进化所青睐的，因此许多物种已经进化出相应的机制来避免此类情况发生。

当然，不是只有鱼类才会利用体色和体表图案来识别个体和不同种群，灵长类动物同样会基于外表进行个体和种群识别，并发展出了各种各样的行为和沟通机制。

中非和西非的森林里生活着种类繁多的灵长类动物，其中不仅有像黑猩猩、倭黑猩猩和西部大猩猩这样的代表性猿类物种，还有包括长尾猴在内的多种猴类。长尾猴过着群体生活，群体中不仅有自己的同类，还可能有一些不同的物种，它们一起休息、觅食和迁徙。长尾猴通常很难被人看到，因为它们喜欢待在树冠高处。它们取食水果、种子和昆虫时，会使用各种声音和面部表情进行互动。这些群体中的每个物种都有自己的沟通方式，但可能是出于共同生活所

右页图 鞍斑双锯鱼（上）和白条双锯鱼（下）。双锯鱼丰富多样的外观可以帮助它们识别自己的种群。

需，不同物种的个体间也可以理解彼此发出的信号，尤其是警戒声。

不同种类的长尾猴之间亲缘关系密切，且常常比邻而居，确实存在较大的种间杂交风险，但它们有很好的方法来规避这种风险。在进化过程中，长尾猴的面部图案和颜色越来越多元化，它们逐渐拥有了十分独特、多样的面孔。不同种类的长尾猴有着颜色各异的面部标记。红耳长尾猴的眼睛周围呈蓝色，脸颊上覆着淡黄色的毛，下巴处的毛呈白色，鼻子和嘴巴呈红色——看起来宛如出自化妆师之手。有些猴子，比如大白鼻长尾猴，它们的鼻子上有一块醒目的白斑，看起来就像在一盆白色颜料中蘸过一样。

和双锯鱼一样，生活在同一区域的不同种类的长尾猴的面部外观也存在差异。从本质上说，当存在杂交的风险时，它们会呈现不同的体色以示区别。我们尚不知晓不同种类的长尾猴如何进化出了各自的面部特征，例如，为什么有的长尾猴有着蓝色眼圈，有的鼻子呈白色？但有一点已经明确：有些物种只通过单个显著特征来识别同类，比如大白鼻长尾猴的白色斑点，而有些物种则依赖于多种特征的组合，比如白腹长尾猴会通过前额和脸颊上的黄色毛发、粉红色的嘴部和蓝色的眼圈等特征来识别彼此。面部特征也可以用于区分同一种群中的个体，因为不同个体的面部特征可能会有所不同。然而，长尾猴的面孔并不会因性别不同而产生极大差异，所以面部特征似乎在求偶过程中没有什么具体作用。关于长尾猴为何具有多样的、引人注目的面孔的具体原因尚未完全揭晓，但这一定和群体中的个体希望引起注意、表达面部表情的需要有关。

***

在老挝和越南的森林里，生活着一种濒临灭绝的灵长类动物——红腿白臀叶猴，其外表格外引人注目，它们有时被称为“穿着戏服的猿”。然而，红腿白臀叶猴是猴而非猿，它们生活在森林树冠层，通常由 15 个或更多的个体（包

左页图 在灵长类动物中，关于身份、地位和意图等信息的交流通常是通过面部颜色和表情来实现的，比如这只生活在越南的红腿白臀叶猴。

含雄性和雌性）组成一群。每只红腿白臀叶猴的头部和体表均有灰黑色的毛发，前臂的毛为白色，看起来像戴着毛茸茸的手套。红腿白臀叶猴的腿为浓密的棕红色毛发所覆盖，犹如穿上了裤子，一条长长的白色尾巴从其坐着的树枝上垂下来。其最显著的特征还要属面部：两只棕色的大眼睛镶嵌在橙色的面孔上，看起来就像化了妆一样，脸部还有一圈白色长毛。

成群的红腿白臀叶猴在森林中穿梭，寻找嫩叶和花朵等食物。有时它们会在一个地方吃上几天，然后再离开。如果生活在规模达到 50 只的群体中，个体就需要遵守一定的秩序和等级制度。群体内互动很重要，每个群体成员都获得了不同的地位和支配范围，这决定了它们的影响力。这就是面部特征的用武之地：维持等级制度、将群体团结在一起的前提是它们能够准确地识别个体，每只猴子的面部特征都与群体中的其他猴子有所不同。此外，红腿白臀叶猴还会用各种各样的面部表情来交流，包括张大嘴巴、推合下巴、露出牙齿和皱眉等。红腿白臀叶猴的面部表情和面部特征在交配、玩耍等方面发挥着重要作用。

然而，交流可能并不是动物进化出色觉和彩色面孔的最初驱动因素。虽然叶猴和长尾猴的生活在很大程度上受到颜色的影响，但有许多哺乳动物（包括一些灵长类动物，如某些种类的懒猴和狐猴）的色觉相对较弱，它们不能分辨出红色、橙色、黄色和绿色等颜色，这个世界在它们看来就像是蓝色和黄绿色的组合物。叶猴等灵长类动物进化出了分辨红色、黄色和绿色的能力，而这种能力的主要驱动力是觅食。在热带地区，猴类喜食的嫩叶往往是红色和黄色的，许多花朵和水果也是此类颜色。因此，能够看到这些颜色是一种重要优势。除了利用进化出的更好的颜色感知能力来寻找食物外，它们还可以使用各种颜色来交流，以这样或那样的方式认知周边的多样化面孔。在绿色的森林里，橙黄色的面部特征在其他猴子看来似乎格外显眼，这可能会帮助它们传达面部表情。这种现象在自然界很常见：动物和植物经常使用颜色或特定的特征来帮助自己

右页图 在中非和西非的森林中，可能会有好几种长尾猴生活在一起。红尾长尾猴（左上）、德氏长尾猴（右上）、小白鼻长尾猴（左下）和白腹长尾猴（右下）的面部特征帮助它们只与自己的同类交配。

从周围环境中突显出来。

***

在双锯鱼和长尾猴生活的群体中，个体通常会表现出一些差异，但多样性主要发生在不同物种之间。在叶猴生活的群体中，它们主要是基于个体的颜色差异来识别个体。不过，在另一些动物群体中，个体间有着更显著的差异，因为这对建立种群内的互动机制至关重要。

许多种类的胡蜂都是敏锐的捕食者，尤其是那些为我们所熟悉的群居性物种，它们积极地四处飞行、寻找食物，因此使自己暴露在一系列威胁下，这其中就包括捕食胡蜂的鸟类。因此，胡蜂用明亮的黄色和黑色图案警告这些捕食者不要攻击或冒险靠近，以免被它们的毒刺蜇伤。与之相关的有趣话题是它们如何分工，它们的体色和图案又如何在维持蜂群的和平相处方面发挥重要作用。大量工蜂和占统治地位的蜂王生活在一起，以完成保护蜂巢、寻找食物和养育下一代的任务。要实现这一切，就需要一种可靠的交流机制，而某些种类的胡蜂的交流机制实在令人称奇。

北方造纸胡蜂广泛分布于北美地区，尤其是林地附近，在那里它们可以获得建造蜂巢所需的原材料。大多数个体都有黑色和黄色构成的警戒色，但面部和腹部的图案及颜色差异很大：棕色和黑色的浓淡程度并不一致，斑点、条纹等其他特征千差万别。北方造纸胡蜂是一

种群居性物种，群体包括一只蜂王和大约 200 只成年雌性工蜂。蜂群通常由几只潜在的蜂王建立，它们积极地争夺最高统治地位。获胜的蜂王是最具统治力的个体，负责种群繁衍，而失败者则处于从属地位。排在第二位的是未来的蜂王，如果蜂王去世，它将继承王位。随着工蜂的成长和成熟，它们也在等级制度中占据了一席之地。这一制度决定了每只工蜂在蜂群中扮演的角色以及被其他工蜂攻击的程度。

要让这种等级制度发挥作用，胡蜂必须能够识

下图 生活在美国亚利桑那州的北方造纸胡蜂会筑巢，它们在严格的等级制度下生活在一起。每个个体的等级信息均可通过面部特征传达。

本页及右页图 北方造纸胡蜂的面部特征各不相同，这有助于进行个体识别。

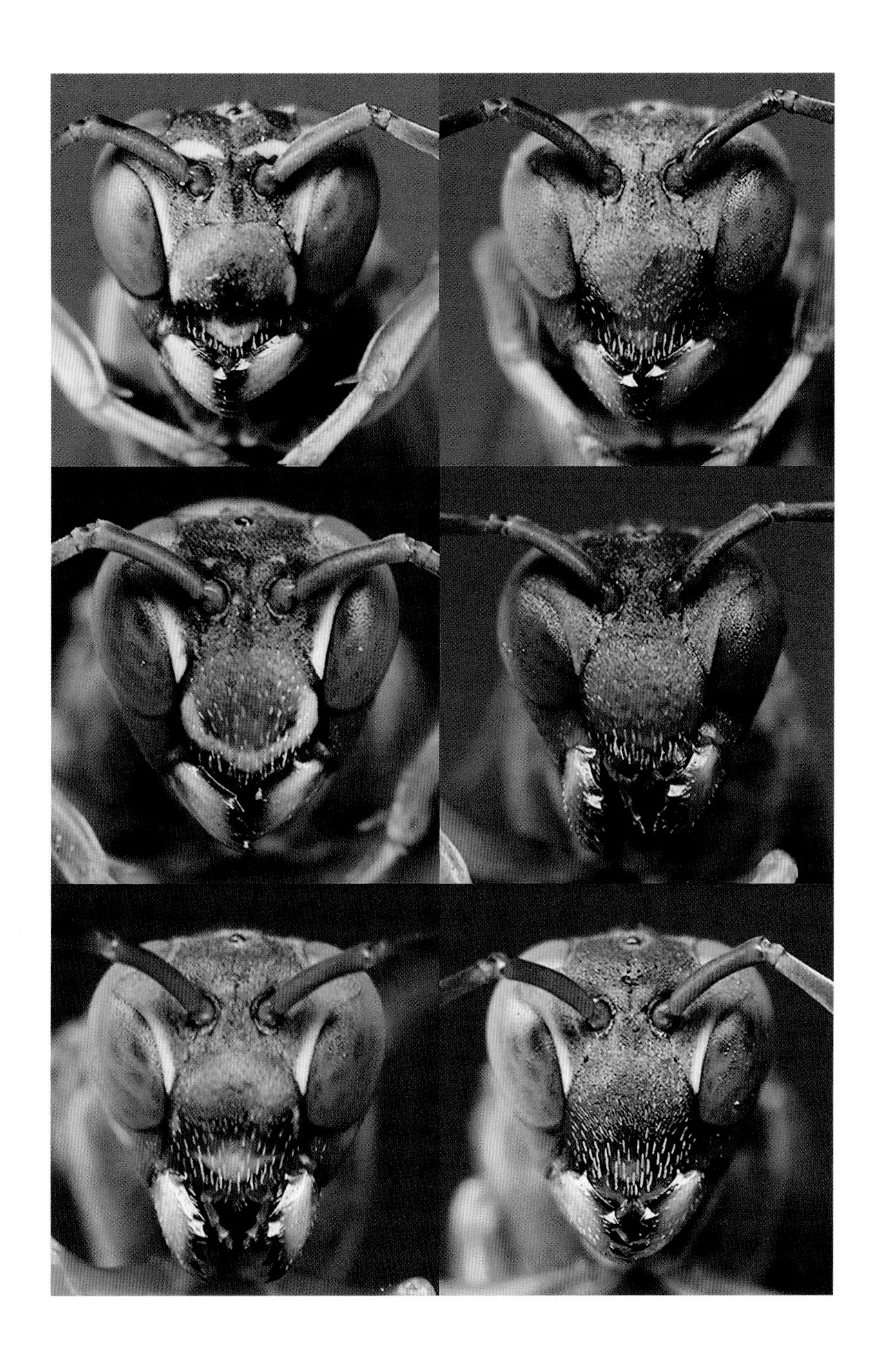

别彼此，而这是通过观察彼此的面部特征来实现的。如果一只工蜂因为有新的面部特征而未被识别，它就会遭受群体攻击，也就是说，在没被识别为同伴之前，它很难被接纳。显然，对于地位高的胡蜂而言，这种机制有助于它们在群体中保持自己的地位，而不必总是为之战斗。而胡蜂处于低等级的好处是，只要它们得到认可，所受到的攻击就会减少。

我们如果观察其他长相相似的、只有一个蜂王且没有等级制度的胡蜂群，就会发现它们的面部特征差异要小得多。此外，实验结果显示，其他胡蜂并不擅长记忆面部图案，因为在通常情况下它们并不需要这样做。对于北方造纸胡蜂而言，其面部特征的多样性以及良好记忆力主要是由群体保持严格等级的需要所驱动。北方造纸胡蜂识别和记住面部特征的能力令人诧异，这并不是因为它们的大脑比灵长类动物小,而是因为昆虫的复眼所形成的图像通常不够清晰，它们通常不具备识别细节的能力。然而，通过对北方造纸胡蜂面部、腹部图案大小的测量，以及对其眼睛分辨不同大小的图案的有效性进行研判，北方造纸胡蜂应该能够看到这些图案，尽管只能在一定距离内才能分辨——通常在几厘米之内。

***

虽然通过使用颜色信号减少群体内的攻击有助于维持秩序，但对于某些动物来说，攻击可能来自其他物种，于是它们有时会采取异乎寻常的、欺骗性的方式来进行防御。在这些情况下，防御方式的选择反映了一种因时而变的平衡，个体需要在吸引异性的注意力和避免遭遇捕食者之间权衡，它在正确的时间发出正确信号的同时也必须考虑到潜在风险，尤其要提防那些虎视眈眈者。在繁殖期的动物，尤其是雌性动物，经常需要在成功繁殖和躲避食肉动物之间做出选择，有时雌性还需要躲避过于多情的雄性。

与谁交配、需要躲避谁是许多动物必须明白的事情，它们需要正确地识别物种、区分雄性和雌性，因此，种群内的性别差异通常较为明显，特别是在体色和图案上。对于这种差异的一种解释为配偶选择：雄性必须利用外表让挑剔的雌性留下深刻印象，才能实现求偶成功的目的。

不过，豆娘做事情的方式与众不同。豆娘的体色较为多样，同一物种一般有两种以上的颜色类型，雌性和雄性的颜色不完全一样。豆娘的幼虫在水中生活数年，发育成成虫之后仅存活几天或几周。在相对较短的时间内，它们必须达到性成熟，并在水域附近成功交配、产卵。雄性豆娘并不像雄性鸟类那样优雅地展示外表，它们的竞争更像是一场对交配权的争夺战。雄性之间存在激烈的竞争，雌性通常会被热情的雄性所骚扰。许多雌性豆娘会浪费大量的精力来躲避雄性的骚扰，它们在这一过程中容易受伤，有时甚至会把捕食者吸引过来。因此，有些雌性豆娘会通过巧妙地使用颜色来避免这些遭遇。

豆娘有着丰富多彩的颜色，包括深红色、亮蓝色，这些色彩的形成机制不尽相同。有些颜色是由角质层中和角质层下方的色素产生的，这些色素选择性地吸收某一波段的光，反射其他波段的光，这会产生红色或黄色等颜色。有些颜色，尤其是蓝色，是由豆娘蜕皮时形成的粒状结构产生的。该结构会干扰入射光，因此只有某些光会被反射。这使得豆娘能够产生万花筒般的颜色。同样，许多其他物种也有多种颜色类型，且雌性的颜色也可能较为丰富。作为古老的昆虫，蜻蜓和豆娘有足够的机会进化出出色的色觉来识别这些不同的颜色。

从春天到初秋时节，长叶异痣蟌在英国颇为常见。雄性个体的深色腹部末端染着一抹美丽的亮蓝色。鲜亮的蓝色斑纹同样分布在其胸部和眼睛上，沿着黑色斑纹平行排布。雄性的体色会随着年龄的增长而发生变化，未发育成熟的雄性的体色几乎为翠绿色。雌性的体色更为多样，它们至少有 5 种不同的颜色，除了和雄性一样的蓝色外，还有紫色、黄绿色和红褐色，且腹部末端的颜色各

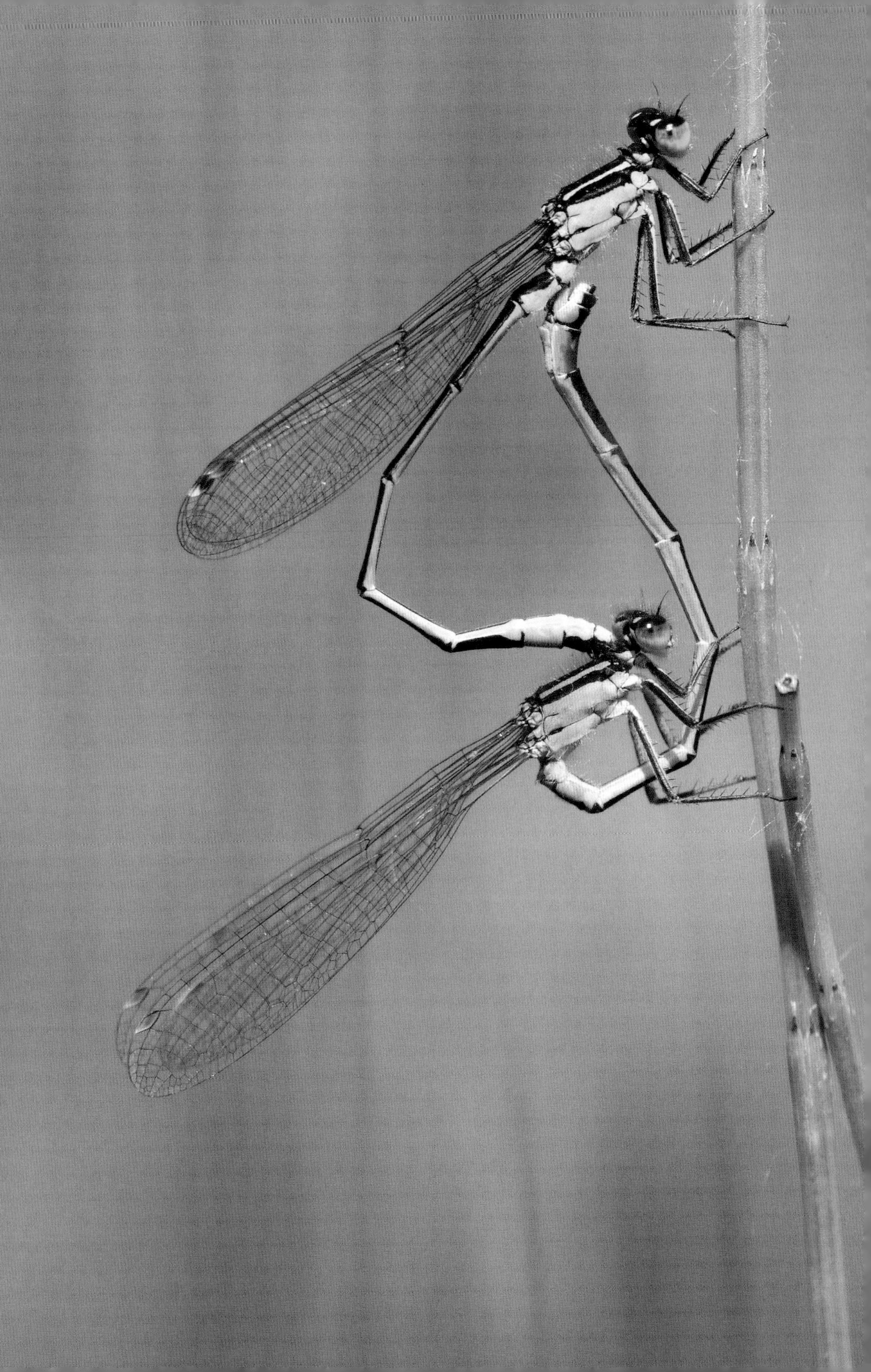

异。与雄性一样，雌性的体色也会随着繁殖状态的变化而变化。它们在性成熟后，体色可能是蓝色、棕色或黄绿色的。为何雌性的体色变化如此之大？很大一部分原因是为了避免雄性不必要的骚扰。

雄性往往更关注那些有着最常见体色的雌性，忽略那些有着不常见体色的雌性。因此，如果大多数雌性都是绿色的，而某些是蓝色的，后者受到的骚扰就更少。随着时间的推移，不同体色的使用频率可能不同，具体使用哪种取决于当时的主流体色是什么以及其他体色的反骚扰效果如何。此外，不同颜色的雌性通过混居也可以降低雄性骚扰的强度，至少对于某些雌性是这样的。

雌性未达到性成熟状态时，体色通常呈紫色或粉红色，表明它们还没有做好繁殖的准备，这可以保护其免受雄性骚扰。一旦它们性成熟，那些体色和雄性相同的蓝色雌性豆娘比其他拥有常见体色的雌性所受到的骚扰要少。不过，

上图 当未成熟的长叶异痣蟌展示出紫色时，表明它还没有做好接受求偶的准备。
左页图 长叶异痣蟌是欧洲常见的一种豆娘，身体的颜色可以表示其性别和交配意愿。

除了避免骚扰，雌性改变体色时还要考虑其他因素。黄褐色和棕色的豆娘可能不易被鸟类等捕食者发现，因为它们不显眼的体色会与周遭环境融为一体，而蓝色的豆娘虽然受到的骚扰更少，但却更为惹眼，比如在绿色芦苇的映衬下，它们更容易被捕食者发现。因此，雌性会平衡不同的需求，在准备交配时就换上容易被潜在配偶识别的体色，想避免受到骚扰或未达到性成熟时就保持特定的体色，这样既可以减少骚扰，同时也不易被捕食者吃掉。

一些聪明的雌性在这方面则更胜一筹。它们通常将体色变化推迟到最后一刻，其中具有代表性的物种是澳大利亚常见的一种豆娘。雄性的体色为鲜亮的蓝色，雌性有很多是棕色或暗绿色的，但也有些是蓝色的。这些蓝色的雌性与雄性看起来很像，因而可以有效地欺骗雄性，使其误认为自己也是雄性，从而避免受到骚扰。这样，它们可以在相对平静的环境中觅食并生活。到了即将交配的时候，它们就会表演一个巧妙的把戏，将体色转变成绿色或棕色。

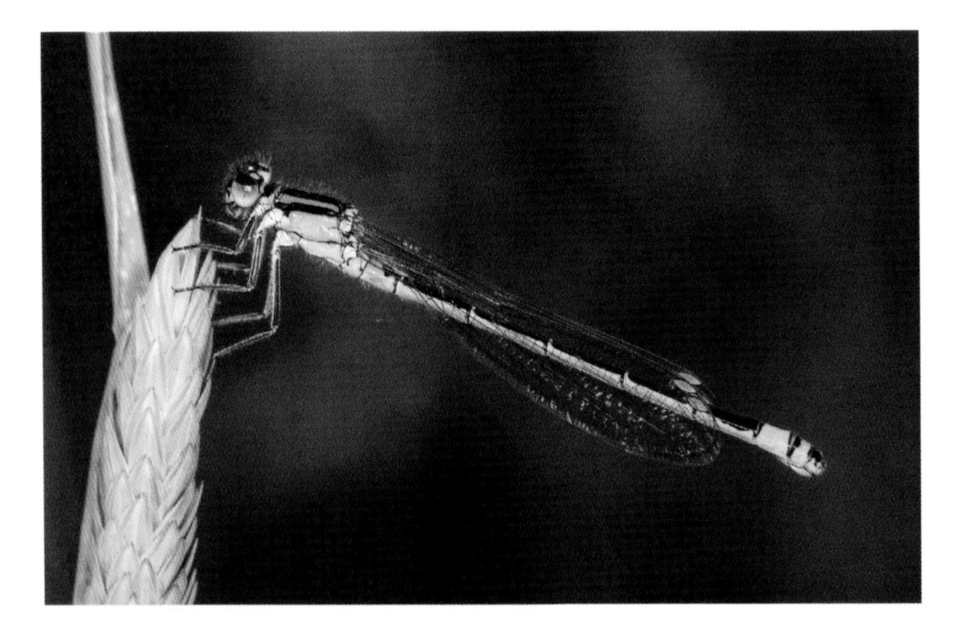

上图 在澳大利亚常见的一种豆娘。
第 38~39 页图 蜻蜓和豆娘均具有出色的色觉，能够较好地区分多种颜色。

雌性豆娘只需要 24 小时即可完成体色转变，这一过程非常快速。这些雌性与那些从不模仿雄性的雌性的交配成功率差不多。这样看来，豆娘的体色多样性取决于其性别差异和个体差异，并且可以随时间而变化。

***

双锯鱼、长尾猴、胡蜂以及其他许多动物均使用人类肉眼可见的颜色，所以在很多情况下，不同物种、性别和个体之间的差异对于我们来说都一目了然。不过，还有许多动物使用的沟通方式是人类肉眼无法察觉的。

热带珊瑚礁色彩斑斓，但我们对这种环境的感知方式与珊瑚礁里许多栖息者的感知方式截然不同，它们能够通过多种途径来感知颜色和光线。有些岩礁鱼具有出色的色觉，与我们人类相比毫不逊色，而有些珊瑚礁栖息者却根本没有色觉，周遭环境在它们眼中只是深浅不一的灰色。在不同的观察者眼中，珊瑚礁及周围生物的显眼程度是不同的，这一点在视觉通信中非常重要。

安邦雀鲷是在印度洋－太平洋海域的珊瑚礁中发现的一种鱼类，这种鱼在澳大利亚昆士兰海岸尤为出名。它们鲜亮的黄色体表与周遭多彩的珊瑚礁相得益彰。我们通常认为，蓝色和黄色的岩礁鱼尤为引人注目，尤其是在没有任何背景衬托的情况下。不过，蓝色岩礁鱼可以很好地与海水背景融为一体，黄色岩礁鱼则能以珊瑚和海绵为掩护，因为它们许多都是黄色的。

雄性安邦雀鲷具有较强的领地意识，它们会把竞争对手赶出领地，尤其是当它们青睐的雌性还在领地内时。如果有雄性竞争者敢靠近，领地的主人就会侧身展示身体和鳍，以示警告。如果这不起作用，它们就会通过武力把不速之客赶走，还可能会狠狠地咬对方一口。然而，有种与其外观相似的鱼却可以大摇大摆地游入其领地而不被驱逐。众所周知，安邦雀鲷通常用多种声音进行交流，但这里的情况并非如此，这种外观相似的入侵者其实是另一个物种——摩

鹿加雀鲷。对于我们人类而言，摩鹿加雀鲷和安邦雀鲷看起来几乎没有什么区别，但在安邦雀鲷看来却并非如此。它们之间颜色和图案的差异是人类肉眼所无法分辨的。

在紫外线的照射下，雀鲷的面部会呈现出一组复杂的斑纹。两个物种的斑

上图 生活在印度尼西亚的雄性安邦雀鲷（上）和雄性摩鹿加雀鲷（下）。它们的面部分布着仅在紫外线下才能显现的斑纹，这些斑纹可以帮助它们识别入侵自己领地的竞争者，而且不会引起捕食者的注意。

纹有所不同，且安邦雀鲷能够发现这种差异。雀鲷眼睛中的视细胞可以检测紫外线，除此之外还有其他细胞可以捕捉到我们人类所熟悉的色彩。因此，安邦雀鲷清楚地知道摩鹿加雀鲷是另一个物种，不会与它争夺雌性或领地。它大可以对来访者放任自流。这些安邦雀鲷还可以根据面部斑纹来区分种内个体。学会识别不同的面部特征可能有助于安邦雀鲷采取进一步行动，具体取决于这位不速之客是已知的竞争对手还是素未谋面的来访者。

安邦雀鲷利用面部斑纹进行交流很可能是为了保持低调和躲避捕食者。其

背后的科学

为了揭示雀鲷的信息交流机制，我们利用现代成像技术，对人类肉眼看不到的部分光谱进行了影像记录，其中就包括紫外线。拥有正常色觉的人可以通过眼睛里的 3 种视锥细胞探测不同波长的光，从而分辨不同的颜色。在这 3 种视锥细胞中，有一种对波长较短的蓝光敏感，一种对波长较长的绿光敏感，另一种对波长更长的红光敏感。我们能看到什么颜色取决于刺激这些细胞的光的波长范围。鉴于人眼的可见光范围，大多数传统的摄像机其实都以与我们采用的方法相似的方式捕捉色彩，并且覆盖可见光范围。然而，人类的视觉器官并不能捕捉到所有光波。许多动物都可以看到紫外线，而我们却不能。人类的晶状体在紫外线到达视网膜之前就对其进行了阻断，而我们的眼睛中也没有感知这种光线的特定细胞。至于那些能感知紫外线的动物，它们的眼睛中有特殊的视觉感受器，专门用来检测这些波长非常短的光。不过，自从有了专门用于检测紫外线的特殊摄像机，人类也可以记录光谱中这部分光波的模式和颜色，进而揭示人眼看不到的世界。

上图 摩鹿加雀鲷的斑纹就像指纹一样具有独特性，这些斑纹也是其身份的象征。

亮黄色的体表在珊瑚礁中不算惹眼，但如果通过增添对比色以吸引配偶或者与同类交流，就可能会使隐蔽效果大打折扣，增加被捕食者发现的风险。毕竟，就体型而言，安邦雀鲷非常适合成为岩鳕或豹纹鲃棘鲈的腹中餐，但这些较大的捕食性鱼类均因缺乏相应的视细胞而不能识别紫外线。更重要的是，由于紫外线的波长非常短，容易散射，因此紫外线图案在几米以外的地方就很难看到。通过将它们的面部识别模式隐藏在捕食者无法察觉且只能在短距离内发挥作用的颜色中，安邦雀鲷可以在不影响自己安全的情况下处理潜在的冲突。

***

通过紫外光谱进行个体识别和沟通交流的做法在动物王国里相当普遍。各种各样的生物，如鸟类和蜜蜂，在完成一些任务时都采用了这种方式。在动物世界中，除了这种我们无法直接观察的沟通方式之外，还有另一种我们更为陌生的沟通手段。

南美洲和中美洲的森林是许多美丽蝴蝶的家园，其中就包括袖蝶属的蝴蝶，该属包括大约50种蝴蝶，种间特征差异显著。有些蝴蝶的体色为蓝、白、黑相间，还有一些蝴蝶的翅膀上有着红、黄色图案。

这些蝴蝶在白天更活跃，它们会在灌木丛和空地上翩翩起舞，缓慢的飞行有助于向潜在的捕食者展示醒目的警戒色。由于这些昆虫对鸟类等动物而言是有毒的，所以在有其他更美味的食物时，捕食者通常对其避之不及。不同种类蝴蝶的警戒色通常不同，但有几种袖蝶会模仿其他蝴蝶的外表，这可以让整个群体都受益。这使得捕食者更容易识别并避开所有具有该特征的个体，这样一来，比起每种蝴蝶各不相同的情况，这些天敌需要识记的颜色、图案种类要少得多。因此，鸟类更少吃这类昆虫，转而锁定那些不会让它们胃不舒服的昆虫。每种蝴蝶的个体受到攻击的可能性也变小了，它们共同分担了警示捕食者的风险。

这也给袖蝶带来了问题：如果两种不同的袖蝶外观相似，它们该如何分辨出谁才是合适的伴侣？一定有什么机制可以让它们避免向不同种类的袖蝶求爱。其实谜团的部分答案已显示在我们面前。一些袖蝶的翅膀上有着醒目的斑纹，比如红带袖蝶的深色翅膀上点缀着深红色和白色的斑纹，这些斑纹在紫外线下尤其鲜明。与此同时，一些袖蝶进化出了一种高效的视觉系统以辨别不同类型的紫外线。它们的视觉感受器不仅能捕捉在我们看来是蓝色和红色的颜色，还进化出了两种不同的紫外线视觉感受器。更有趣的是，只有雌性蝴蝶进化出了两种紫外线视觉感受器，雄性蝴蝶在分辨同类时只能依靠一种紫外线视觉感受器。雌性蝴蝶特别擅长根据翅膀上白色或淡黄色区域的紫外线图案来区分不同的物种。这些紫外线信号对于识别出适宜交配的蝴蝶种类颇为重要。鸟类也有与雄性袖蝶相似的视觉局限性。尽管它们具有出色的视力，可以识别紫外线，但它们只有一种视觉感受器可以检测到紫外线，因此鸟类无法区分有毒的蝴蝶和它们的模仿者，但雌性袖蝶却能一眼看穿这种伪装。

袖蝶不仅仅依靠颜色来寻找合适的配偶，还会利用光的另一个特性——偏振。我们的眼睛无法区分偏振光，但有些动物却可以。许多袖蝶可以通过比较眼睛中不同视细胞组对偏振光的探测方式来区分偏振光的角度和强度。这有点像我们根据视细胞对不同波长的光的反应来分辨不同颜色的情况。袖蝶不仅色彩斑斓，其中许多种类还有泛着虹彩的翅膀。具有虹彩的物体的颜色会随着观察角度的改变而变化。袖蝶翅膀上的鳞片会干扰光线，随着观察角度的变化，进而呈现出不同的颜色。虹彩色翅膀的一个突出特点是在偏振光下也可以呈现出图案。

在任何能够辨别偏振光的动物眼中，袖蝶翅膀上的一部分区域可以反射强

右页图　生活在南美洲的 6 种袖蝶。下面 4 种袖蝶栖息在森林中，它们具有蓝色虹彩的翅膀鳞片在偏振光下可以呈现出图案。上面 2 种袖蝶栖息在更开阔的地区，它们不具备上述特征。

背后的科学

要想理解偏振光以及动物如何观察偏振光并不是一件容易的事，部分原因是人类肉眼无法感知到光的偏振态，因为偏振光和紫外线不同，它不是我们能感知到的颜色范围的外延，而是属于一种完全不同的视觉范畴。偏振光指的是在特定方向上振动的光，方向也许是上下或左右等，通常带有一定角度。在大多数情况下，到达我们眼中的光是不同角度偏振光的混合物，所以总体而言，自然光是非偏振光。然而，当光与某些物体相接触并穿过它们时——比如大气中的粒子或特定的表面和结构，甚至是偏振光太阳镜，光往往会产生特定角度的偏振。蚂蚁、蜻蜓、乌贼和螳螂虾等许多动物均可以感知和区分不同的偏振角度。它们还可以感知光的某些属性，例如在某个方向上偏振光的比例，以及偏振光的整体强度。为了建立有效的沟通机制，有些物种的体表或其他结构可以操纵偏振光并呈现出可识别的偏振光图案。当我们想到自然界的色彩时，通常会考虑其 3 种属性：色调（如红色或绿色）、某种颜色的饱和度（如粉色和红色）以及明度（亮度由物体对光的反射强弱而定）。大体而言，我们可以想象，由于能够感知偏振光，动物眼中的世界可能更加完整，它们可以看到世界在不同的偏振光角度、强度和比例下呈现出的诸多特征。这意味着动物的视觉类型可能跟我们能感知到的色彩一样丰富。

烈的偏振光，而翅膀的其他区域则是暗淡的，反射的偏振光强度取决于袖蝶的种类及其生活的地区。生活于森林深处的袖蝶的翅膀拥有最为引人注目的虹彩色图案。它们的栖息环境非常阴暗，偏振光的强度也没有较大变化，所以任何偏振光图案都会非常显眼，尤其是它们挥动翅膀时发出的明亮闪光。这意味着在所有种类的袖蝶中，生活在森林深处的袖蝶比生活在开阔栖息地的袖蝶更有可能具有偏振光图案。

青衫黄袖蝶可能不是最引人注目的一种袖蝶，因为在我们眼中，其翅膀主要为蓝黑色，点缀着白色的图案。然而，它们的翅膀其实有着其他袖蝶可见的偏振光图案。如果借助特殊的光学设备，我们也可以看到。这些图案对这种昆虫的求偶和交配行为至关重要。研究发现，当雄性青衫黄袖蝶翅膀上的偏振光图案被抹除时，雄性更不容易接近雌性，找到伴侣的机会减少，这证明了偏振光图案在求偶和交配活动中发挥着重要作用。

此外，人们并不认为偏振光图案会给青衫黄袖蝶带来不受欢迎的关注。虽然一些鸟类也可以探测到偏振光，但我们普遍认为鸟类并没有利用这种能力来捕捉猎物，因为鸟类主要利用偏振光来导航，比如探测太阳光的偏振模式。因此，就像鱼类利用紫外线一样，一些袖蝶会通过这种对它们而言较为显眼的偏振光图案来辨别交配对象，而这基本不会引起捕食者的注意。

***

我们在研究动物如何利用颜色来辨别物种、发现潜在配偶和分辨不同个体方面取得了长足的进步，然而，至今仍有某些谜团等待我们解开。许多动物的体色在其生命进程中远非一成不变，最常见的例子就是它们的体色会随着个体成熟而发生一系列变化，比如从幼体期的暗淡色或伪装色过渡到性成熟期的艳丽体色，而这主要是为了满足求偶需求。然而，体色有时也可能从艳丽变得暗淡。

研究表明，近三分之二的灵长类动物在成长过程中会改变体色。人类也是如此，随着年龄增长，我们的头发颜色通常和婴儿时期不同。在这些灵长类动物中，幼崽往往更引人注目，因为它们身上的皮毛颜色比成年动物更为吸睛。

郁乌叶猴（又称眼镜叶猴）主要分布在马来半岛。成年郁乌叶猴本身就有一副有趣的长相：一身毛茸茸的灰色皮毛，眼睛周围有明显的白圈，犹如佩戴了一副眼镜。不同亚种的郁乌叶猴皮毛颜色不同，不过，最令人称奇的要数幼猴的毛色——明亮的橙色，这在成年郁乌叶猴的灰色皮毛与深绿色森林的映衬下显得尤为惹眼。

包括其他一些种类的叶猴在内，许多灵长类动物的幼崽通常有着艳丽的体色。尽管我们已经对此做出了较多假设性思考，但这种体色差异背后的真正原

上图 雄性幻紫斑蛱蝶的翅膀上有可以反射紫外线的斑点，雌性可以通过这些斑点的明亮程度来判断雄性的健康状态。

因对于我们而言仍然相当神秘。有一种说法是，橙色的外表可能会帮助它们进行伪装。这可能听起来与直觉相反，不过确实有许多捕食者的视觉系统无法将绿色、棕色与红色、橙色区分开来，因此在它们的眼中，橙色实际上可能与森林环境色融为一体。这是一个很好的假设，但我们无法忽略的一点是，暗棕色和灰色其实是更有效的伪装色。另一种说法是，橙色对于色觉良好的灵长类动物来说很显眼，因此可以防止幼崽迷路或走失。此外，橙色可能是动物还未成年的标志，这可以鼓励群体中的其他雌性动物来照顾它们；这种身份象征还可能预防潜在竞争者的攻击，因为幼崽不会被成年动物当作自己谋求伴侣或地位的竞争对手。至于事实如何，我们并不知道答案，所有这些假设性因素可能都有其作用。不过，至少许多研究人员都支持这样一种理论，即灵长类动物幼崽的毛色象征着它们还处于未成熟的阶段，而不是成年阶段。不管出于何种原因，这些幼崽的体色特征在其生命最初的前 6 个月非常突出，而随着年龄的增长，它们的毛色会逐渐变成灰色。

色彩在自然界中扮演着重要的角色，对于许多动物而言，颜色可以帮助它们识别与自己互动的对象，从而能够有效辨别物种，并锁定潜在的伴侣。在许多情况下，它们通过颜色来传递信号，同时又不会引起捕食者和其他威胁者的注意——当然，也包括我们人类。动物需要相互识别，这种需求极大促进了物种内和物种间的生命多样性。辨别出对方是谁、属于什么物种是一件重要的事，但对于许多希望交配的动物而言，它们还必须通过充满活力的举动和绚丽的外表来打动潜在的伴侣。

第 50 页图　生活在泰国的雌性郁乌叶猴及其幼崽。成年灵长类动物和幼年之间的外貌差异较为明显，但造成体色差异的具体原因尚不清楚。
第 51 页图　生活于新几内亚岛的十二线极乐鸟完美呈现了自然界中雄性和雌性巨大的体貌差异。

第二章

吸引配偶

色彩蕴含着海量信息，其作用远远不止识别个体或物种那么简单。动物的外观，尤其是它们的体色，可以有效揭示其现在或者之前的生存状态和觅食能力，甚至能够透露雄性作为父亲的称职程度。事实上，对于某些动物而言，吸引配偶是它们如此绚丽多彩的主要原因。

雌性往往非常挑剔，它们会仔细打量雄性的外表，以便从中选出最优秀的那个作为伴侣并与其繁育后代。因此，雄性的体色通常更加艳丽，它们期望通过炫目的体色和吸睛的舞蹈来为自己赢得伴侣。有些动物生来就掌握了求偶表演的种种技巧，雄性一旦性成熟就会迫不及待地施展自己的魅力，而有些动物则需要经过多年的练习才能求偶成功。动物体表明亮的色调和鲜明的图案并不总是一成不变的，许多动物可以通过改变体色来改变外观，它们甚至可以改变周围的环境，从而将自身的吸引力放大到极致。

***

在众多鸟类中，最美丽动人且最为我们所熟悉的可能要数孔雀了。我们很多人只见过动物园或公园里的孔雀，但在野外，孔雀为了在森林里生存，必须在吸引配偶和避免被潜伏在树林里的捕食者吃掉之间权衡。

上图 在安达曼海中，雄性发光拟花鮨正在向雌性示爱。
右页图 在自然界中，雄性往往体色艳丽，例如火喉蜂鸟。

众所周知，雄孔雀会向雌性展示光彩夺目的尾屏，好让对方相信自己是一个值得信赖的伴侣。这是自然界最令人印象深刻的景象之一，它们令人眼花缭乱的尾屏上布满多达 150 个眼斑，每个眼斑都闪着蓝色、绿色和紫色的虹彩。然而，要想得到雌孔雀的信任还需要进行一系列求偶表演，表演的场地一般是在它们特殊的“约会”地点，即它们专门的求偶场。雄孔雀彼此保持距离，为自己隔出一小块空地，并在这里展示自己。这通常发生在林间空地等开阔区域，有时会有几只雄孔雀同台竞技，共同争夺雌孔雀的芳心，后者则会款款而来、精挑细选。通常情况下，只有一到两只雄孔雀能够抱得“美人”归，而其他雄孔雀只能空手而回。

在我们看来，每一只雄孔雀都绚丽多彩，很难看出有何不同或有什么特别吸引人之处。其实，雄孔雀与雄孔雀是不一样的——有些雄孔雀的眼斑更多，有些雄孔雀的羽毛更艳丽，还有一些雄孔雀的舞姿更加动人。那些光彩四射的雄孔雀通常会赢得胜利，获得所有交配机会。

查尔斯·达尔文对孔雀尾巴的态度人尽皆知——它“让我相当苦恼”。使他苦恼的并不是这些艳丽的羽毛本身，而是因为当时他的自然选择学说无法解释雄孔雀为何具有这么大的尾巴。达尔文的生物进化理论基于适者生存的概念（“适者生存”这个词不是由达尔文提出的，而是由英国社会学家赫伯特·斯宾塞提出的），此概念认为，所有生物都需要不断地为生存而战。拥有如此奢华的尾巴对于孔雀这样的鸟类而言很不寻常，这种尾巴无疑更容易被捕食者发现，还会为它们的行动造成诸多不便，尤其影响飞行。在树木丛生的环境中，孔雀庞大的尾巴显然是一个累赘，让这些可怜的鸟儿不可避免地消耗大量的能量来躲避障碍物和捕食者。碰巧的是，达尔文最终找到了答案——生物不仅需要生存，更重要的是，它们还必须繁殖并将它们的特性传递给下一代。

许多动物，尤其是雄性动物，面临的主要挑战之一就是如何征服异性，让

右页图 雄性蓝孔雀的羽毛上具有引人注目的多色眼斑。

雌性相信自己是值得拥有的伴侣。在其性选择理论中，达尔文认为雌性向雄性施加了相当大的压力，驱使雄性用更加华美的外表吸引雌性的注意。大体而言，达尔文认为雌性有审美偏好，随着时间的推移，这种偏好促使雄性进化出了更引人注目、更华丽的外表。

在许多层面上，达尔文的眼光领先于其时代几十年。在保守的维多利亚时代的英国，雌性拥有主导权的想法并没有获得主流社会认可。尽管现在看来这是理所当然的，但直到20世纪中后期，人们才真正开始接受雌性选择不仅存在，而且是广泛存在的。大量科学研究表明，这是许多雄性动物长相俊俏的一个主要原因。雄性被卷入了一场漫长的进化斗争，得让自己越来越美丽，以吸引雌性的注意。至于为什么是雌性首先做选择，这一问题仍存在争议。

上图 在苏格兰，一只雌性黑琴鸡背对着两只正在展示自己的雄性黑琴鸡。

背后的科学

雌性选择引起了生物学家的广泛关注。科学家们虽然给出了雌性为何如此挑剔的几个原因，但并未就这些想法的正确与否达成共识。即使是同一物种、性别相同的动物，不同个体在奔跑或飞行、觅食以及抵抗疾病方面的能力也存在很大差异——尽管人类不一定总能看到这些差异。进化和基因的传递息息相关，勤奋负责的父母需要明白什么才是对后代最好的。因此，雌性可能会根据雄性能提供的直接利益来做出选择，尽可能选择那些能把食物带回家或保护巢穴免受危险的雄性。这样，后代生存到成年的概率才可能最高，成年后它们就可以脱离父母，开始自己的繁殖历程。

有一种观点是，雌性会根据雄性的基因质量来选择潜在的伴侣，这通常被称为“间接利益”。例如，受到青睐的雄性可能具有强大的免疫系统、良好的视力或充沛的体力。通过选择这样的伴侣，雌性的孩子也很有可能继承这些特征并从中受益。不管是直接利益还是间接利益，雄性的求偶炫耀行为都能可靠地反映它的优秀程度。事实上，有许多研究者关注着这样一个问题：为何较弱的雄性无法骗过雌性的眼睛。一种解释是，只有最强健的雄性才能做出奢华盛大的求偶表演。考虑到形成鲜艳的体色可能需要消耗大量能量，拥有巨大的尾巴可能会限制飞行或增加被捕食的风险，只有最强健的雄性才能高效应对这种“不利因素”。那些试图作弊的雄性会被淘汰出局，或者说，较弱的雄性根本无法拥有那些漂亮的装饰，体型较小的雄性可能只有一条小尾巴，而它对此也无能为力。

雌性选择漂亮伴侣的另一个原因可能是，选择一个有吸引力的伴侣本身就是有价值的，这与达尔文后来形成的一些观点很相似。如果雌孔雀偏爱有很多明亮眼斑的雄孔雀，那么通过与具有这种特征的雄孔雀交配，其后代中的雄性也可能会拥有这一特征，它们在长大后会吸引雌性，成功繁殖的机会更大，因而形成良性循环。通过进化，我们最后可以看到：雄性的相关特征和雌性的偏好锁定在一起，随着时间的推移，它们变得越来越突出，以至于雄孔雀的尾巴越来越光彩夺目。这种说法并没有告诉我们为什么雌性一开始就会偏爱特定的特征，比如红色斑点或蓝色条纹，但科学家们知道，某些图案、形状和颜色会让许多动物的视觉系统受到更强烈的刺激，雄性可能进化出了能够迎合雌性感官系统偏好的特征。

透过求偶仪式中的繁忙景象和嘈杂声音来辨别雄性之间的差异，并挑选出最合适的伴侣，这对我们而言似乎是一个大大的挑战，但对这些动物而言，在所有喧闹的求偶活动中，皆有规律可循。事实上，许多雌性都能挑选出自己最中意的雄性，尽管众多雄性纷纷使出浑身解数来争夺它们的注意力。在很大程度上，雌性必须花时间来比较求偶者，而雄性必须通过向其展示最好的姿态才能脱颖而出，吸引雌性的目光，获得青睐。

在孔雀的求偶场中，每只雄孔雀都兴冲冲地抖动尾巴，展示自己闪闪发光的眼斑和漂亮的羽色，在这一过程中发出沙沙声。充足的光线是雄性成功的关键外部因素。它们的羽毛只有在阳光下才会展露出真正的光彩，最幸运的（或者说最有活力的）雄性会在上午耀眼的阳光下求爱，而其他许多雄性都还躲在阴凉处。阳光的照耀会让雄性的羽毛焕发出虹彩，此外它们还有一个技巧来加强这种效果：它们的羽毛会与太阳呈 45 度角，这样一来，蓝色和绿色区域会更加漂亮。眼斑本身，尤其是尾巴下部的眼斑，可以吸引雌性的注意。抖动尾巴和发出声音可以加强展示效果，更有效地吸引雌性的注意力。从远处看，较大的孔雀尾巴也会很有吸引力。

雌孔雀挑来挑去，似乎需要付出很多精力，毕竟大多数雄性看起来都很耀眼夺目。不过，雌孔雀有充足的理由这样做。正如我们所预料的那样，眼斑数量更多的雄孔雀通常更有可能得到雌孔雀的青睐（虽然并非所有的研究结论都能证明这一点）。这些雄性的状态往往更好，一般也更健康。不仅如此，那些选择有着华美装饰的雄性作为伴侣的雌性繁衍出的后代往往存活率更高。

其实，达尔文不必如此介意雄孔雀和它们那引人注目的尾巴，因为还有另一个事实。虽然羽毛在我们看来可能是一种华丽的象征，但对许多捕食者而言却并非如此。对大型鸟类而言，中型和大型捕食性哺乳动物对其威胁最大，包括豹子和老虎等大型猫科动物，还有野狗等体型稍小一些的哺乳动物。这些食肉动物并不像我们一样能看到那么多颜色——或者说不像鸟类一样能看到那么多颜色，事实上，鸟类的色觉甚至比人类更好。诸如孔雀之类的鸟类，其眼睛里含有 4 种用来识别颜色的光敏细胞。众所周知，这些视锥细胞能够捕捉波长极短的紫外线和可见光谱中的紫光，也能捕捉可见光谱中的绿光和红光，这使得鸟类能够比我们看到更多的颜色。试想一下孔雀的尾巴对我们而言是多么的五彩缤纷，然后再想象一下这在一只感光能力更强的雌孔雀眼中会有多么绚丽多彩。同时，捕食性哺乳动物不能区分我们能看到的绿色、黄色和红色，它们也无法看到图案的细微之处。科学家们对孔雀羽毛在天敌眼中的可见度进行了估测，结果是根本不明显——尾巴实际上能很好地与周围环境融为一体。因此，达尔文其实没有必要为雄孔雀的尾巴感到困扰。

第 62~63 页图　在印度班达迦国家公园，一只雄性蓝孔雀正在全力施展自己的魅力，试图用奢华的羽毛让一旁的雌孔雀眼花缭乱、芳心暗许。

***

雄孔雀可能是自然界中依靠色彩斑斓的奢华外表求偶的典型，此外还有一些叫作孔雀跳蛛的生物，它们的名字听起来和孔雀沾亲带故，它们的体色甚至比孔雀更加艳丽。这些小小的孔雀跳蛛的体长通常只有几毫米，但它们的体色和求偶表演使其不同凡响。

在最近的一次统计中，已发现的孔雀跳蛛有 86 种，其中大多数是在过去 10~15 年里才正式被确认。事实上，可能还有很多其他的孔雀跳蛛有待发现。它们大多生活在澳大利亚，尤其是西澳大利亚州的森林和灌木丛中。不难看出它们的名字是如何得来的——雌性往往是暗褐色和灰色的，大部分都毫不显眼，而雄性的体色通常相当艳丽。雄性孔雀跳蛛的头部和腿上有着一些明亮的色彩和图案，腹部展示出万花筒般的色彩——各种蓝色、红色、绿色、黄色，闪耀着金属色泽，有些孔雀跳蛛的腹部甚至有皮瓣，可以在求偶表演时展开。就像孔雀开屏求偶一样，它们挥舞着腹部皮瓣以求给异性留下深刻印象。其实每个物种都有自己特有的颜色和图案，有些雄性拥有亮蓝色的腹部，上面有着红色的斑点和条纹，周边用黄色勾勒，还有些雄性有着布满黑白条纹的腿，并在求偶表演中高高举起。有一种孔雀跳蛛叫作星空孔雀蜘蛛，其蓝色腹部上散布着黄色的斑点，看起来就像夜空中闪烁的星星，它们也因此而得名。在孔雀跳蛛属中，孔雀蜘蛛是最著名的物种，它们的头部有红色和灰色条纹，腹部有两处亮黄色区域，上面间隔分布着带有金属光泽的绿色、蓝色和红色条纹，腹部皮瓣周围还有绿色条纹。

就鸟类而言，雌孔雀会根据雄孔雀尾巴上眼斑的数量和颜色来选择伴侣，雌孔雀蜘蛛又如何选择呢，最能打动它们的又是什么呢？自 19 世纪末以来，人们就知道少数孔雀跳蛛的存在，但由于它们只是在过去十多年里才真正吸引了博物学家和科学家的注意，因此我们对它们的了解并不多。事实上，我们还没有研究过大多数孔雀跳蛛及其求偶行为。我们了解到的大部分内容都来自对孔雀蜘蛛的研究。孔雀蜘蛛是该类群的典型代表，它们当然值得被好好研究一番。

雄性孔雀蜘蛛将它们令人眼花缭乱的体色和舞蹈动作结合在一起，在舞蹈中，它们会在雌性面前摆动腿和腹部，发出一系列触觉信号。它们用腿和身体的其他部位轻拍地面和周围的植物，同时扭动着美丽的腹部，向雌性发出振动信号。雄性的活跃程度预示着雄性交配成功机会的大小，这似乎比向雌性发出的振动信号更重要。总体而言，雄性在表演自己的舞蹈动作时越努力，跳舞的

上图 生活在西澳大利亚州的星空孔雀蜘蛛的腹部有着星星一样的斑纹。

时间越长，它就越有可能求偶成功。也许一开始是振动信号引起了雌性的警觉并吸引了雌性的注意，然后求偶舞成了决定性因素，那么雄性为何还需要有如此鲜艳的体色和图案呢？

孔雀蜘蛛和所有其他的孔雀跳蛛一样，都具有良好的视力。它们前突的巨大眼睛（与身体相比）可以看到细节，它们的眼睛内部有受体细胞，能够看到紫外线和各种颜色，因此雌性可以清楚地看到雄性展示的各种绚烂色彩和图案。然而，令人奇怪的是，大多数关于孔雀跳蛛的研究主要集中在它们的舞步和振动信号，而不是体色。不过，如此鲜艳的体色并非出自偶然，它们显然也发挥着关键作用。早前的少量研究表明，包括红色和黄色在内的颜色并非它们交配成功的关键因素，不同颜色的斑块之间的对比似乎更为重要。因此，雌性判断雄性是否值得交配的依据可能不是特定的斑块有多红，而是整个体表的色彩丰富度和引人注目的程度。这种观点是有道理的，因为当体型微小的孔雀跳蛛到处跳舞、炫耀着体表各种各样的颜色和图案时，雌性要想仔细观察每个斑块的颜色是很难的。试想一下，当有人在你面前疯狂地挥舞英国国旗时，你要想仔细观察国旗上的一小块红色区域其实是很难的。这也可以解释为什么有些物种的蓝色腹部带着黄色的“星星”，而有些物种则有精心排列的黄色、红色和蓝色的条纹——其实重要的是颜色的对比和整体的华丽程度，而不是特定的某些颜色。雄性的体表特征于雌性而言也许仅仅能代表其物种和性别，而最终吸引雌性的是雄性展示出的活力。除此之外，至于色彩更丰富、表现更活跃的雄性是否更优质，是否具有更好的基因以应对环境变化，或者是否处于更好的身体状态，这些问题只有经过时间和更多的调查论证才能得以回答。

***

左页图 这种孔雀蜘蛛是孔雀跳蛛的代表物种，雄性的体色非常鲜艳，体长只有 5 毫米。

上图 孔雀跳蛛体色的多样程度令人诧异，从黑斑孔雀蜘蛛体表的亮蓝色（上）到象面孔雀蜘蛛体表令人瞠目结舌的红色（下），它们的体色几乎涵盖了所有颜色。

阿塔卡马盐沼占地3 000多平方千米，坐落在安第斯山脉海拔较高的地带，形成了引人注目的景观。同许多沙漠一样，这里昼夜温差巨大，白天温度高达40摄氏度，晚上只有几摄氏度。从高地流下来的水在无处不在的阳光下迅速蒸发，只留下水所携带的盐分，这些盐在地表形成了一个硬壳。高盐环境可能不适合大多数的动物居住，但这里仍生活着藻类和虾类等众多动植物，这种环境非常适合能够在咸水湖泊中结群生活的红鹳（俗称火烈鸟）。鸟儿从盐湖的一边走到另一边，用弯曲的喙寻找食物。但觅食并非这些鸟来此地的唯一目的，它们来这里也出于种族繁衍的需要。

就像孔雀蜘蛛一样，红鹳也会跳求偶舞蹈。在盐沼中，几十只甚至数百只粉色的成年红鹳步调一致地起舞，昂首阔步地来回踱步，它们做这一切都是为了在繁殖季节吸引配偶。它们跳舞时会互相仔细打量，将对方视为自己的潜在伴侣，分析其特征并观察其羽毛的颜色深浅，进而选择出最佳伴侣。

除了孔雀之外，很少有鸟类像红鹳这样极具辨识度。它们粉红色的羽毛和前端呈黑色的喙绝不会被认错。然而，它们艳丽的羽毛颜色并非是天生的。事实上，这只可能与它们不寻常的饮食习惯有关。幼年的红鹳体表不是粉红色的，而是灰色的。成年的红鹳需要花费很长时间展示自己粉红色的羽毛才能赢得伴侣，之后它们会共同抚养雏鸟，这时羽毛颜色可能会变浅，它们需要定期摄入特定食物才能保持粉红靓丽的外观。

背后的科学

自然界中的颜色和光的传播方式、到达眼睛的光线有关。对于人类而言，当可见光中含有较多波长较长的光时，我们看到的是粉色或红色，而含有较多波长较短的光时，我们看到的是蓝色或紫色。

为了呈现出特定的颜色和图案，动物有时必须操纵照射到它们身上的光线，以产生我们在自然界中观察到的蓝色、绿色、黄色和其他颜色的组合。一般而言，颜色主要可以通过两种方式产生。

第一种方式是利用特殊色素。这些色素会吸收某些波长的光，反射其他波长的光，因此从动物身上反射的光不仅会帮助形成某些颜色，还会改变体表图案的明暗程度。色素最常被用来呈现红色、棕色、黄色和橙色等颜色。色素的类型多种多样。例如，黑色素是一种可以改变人类皮肤明暗度的色素，这也是产生棕色和黑色的关键色素，猫头鹰和麻雀的羽毛颜色就出自这种色素；类胡萝卜素是数百种不同色素的总称，它们可以让鸟的喙和羽毛呈现出令人惊叹的橙色、黄色和红色。除了少数例外情况，动物基本不能自己制造类胡萝卜素，必须从饮食中获得——要么直接从植物中获得，要么通过吃其他以植物为食的动物获得。这意味着用于制造暖色的类胡萝卜素通常是一种有限的资源，只有最强健的动物才能收集到足够的类胡萝卜素，让自己看起来与众不同。还有其他几种色素也可以产生颜色，例如鹦鹉特有的鹦鹉色素，这使其拥有红、黄、橙色等艳丽的体色。

第二种方式是使用特殊的结构。这些结构都是通过身体中的特定物质（有时也利用气泡和空腔）按一定的方式排列而成，组织层之间有着非常精确的排列方式。这种结构可以散射某一波段的光（通常是波长较长的光），这样特定波长的光就会显现出来。自然界中许多蓝色、绿色和虹彩色都是结构色，例如翠鸟令人眼花缭乱的蓝色羽毛和蜂鸟喉部的紫色羽毛都含有特殊的结构。在许多情况下，动物同时利用自身结构和色素，形成了我们观察到的各种颜色。有些鸟类甚至用外界环境中的物质或体内腺体分泌的物质装扮自己，例如某些犀鸟会把自己的喙和羽毛染成黄色。

红鹳所吃的蓝藻和虾富含红色和黄色的色素，特别是类胡萝卜素（我们吃的许多蔬菜中也有这种色素）。如果一只红鹳的饮食种类足够丰富，它就可以获得足量的类胡萝卜素，使自己的羽毛变成粉红色。当食物被消化时，红鹳提取色素并在体内加以转化，然后将它们呈现到羽毛颜色上。这就像从里到外给羽毛染了色一样。当然，并非所有红鹳的食物来源都是一样的，所以生活在世界上某些地方（如加勒比海地区）的红鹳通常比其他地方（如肯尼亚部分地区）的红鹳的羽毛颜色更深。某些种类的红鹳，例如生活在西班牙南部湿地的大红鹳，甚至可以吸收食物中的色素，并通过尾巴根部的尾脂腺分泌“染料”。它

上图 羽毛中的特殊结构和色素使这种翠鸟和许多其他鸟类能够产生五彩缤纷的体色。
第 72 页图 · 上 安第斯红鹳和其他红鹳一样，也需要通过摄入特定食物获得粉红色外观。随着时间的推移，虾和藻类中的类胡萝卜素会使其羽毛变成粉红色。
第 72 页图 · 下 红鹳在喂养雏鸟时体表的粉红色会变淡，因为它们把大量营养物质都用来哺育雏鸟。

们把这些分泌物直接擦在脖子、头上和背部。体色装扮很耗时，但这会使红鹳的羽毛颜色变得更加红艳。不过，红鹳必须保持这种行为，因为只要它们停止打扮几天，它们的羽毛颜色就会在耀眼的阳光下逐渐变淡。

对于年轻的红鹳而言，它们需要花费多达 5 年的时间才能达到最理想的粉红色状态，而成年红鹳有时需要 2 年的时间才能自繁殖后恢复其往日容貌。红鹳可以活到 40 岁以上，所以维持自身健康是一项重要任务。类胡萝卜素对许多动物而言都具有一个重要功能：它们在强化免疫系统、保持健康方面发挥着至关重要的作用。类胡萝卜素甚至存在于眼睛里的色素细胞中，有助于保持良好的色觉。因此，红鹳需要权衡是用类胡萝卜素装点羽毛，还是用于保持身体健康。颜色最艳丽的红鹳通常被视为最强健、最适合作为伴侣的候选者，它们最擅长获得食物等资源，并有能力养育出健康的雏鸟。这些最为粉红的红鹳享有优先择偶权。不仅如此，颜色更鲜艳、饮食更充足的红鹳可以更早开始繁殖，占据最好的筑巢地点。开始繁殖后，它们开始将更多的类胡萝卜素用于维持其

上图 人们常说："人如其食。"对于红鹳而言，这正是它们的羽毛呈粉红色的原因。人们有时会把某种类胡萝卜素添加到香肠中，让它们的颜色更加鲜亮。

他身体功能，它们的羽毛会开始褪色。在繁殖过程中，雌鸟还会将类胡萝卜素传递给卵，使卵黄呈粉红色，红鹳亲鸟甚至会吐出血红色的汁液喂养雏鸟，这样做会进一步消耗成年红鹳身上的粉红色，增加它们恢复体貌所需的时间。

***

有些鸟类，如红鹳，会集体跳舞以炫耀它们缤纷的羽毛，而有些鸟类则单独表演，以精彩的特技飞行表演来突显自己流光溢彩的羽毛。雄鸟的表演有助于获得一旁雌鸟的注意。在索诺拉沙漠和莫哈韦沙漠等地生活着一种小型鸟类——科氏蜂鸟。雄性科氏蜂鸟的体重仅为 2~3 克，体长不到 10 厘米，它能够像一道彩色闪电般在花朵之间快速翻飞。雌性科氏蜂鸟背部覆着绿色羽毛，腹部呈灰色和白色，而雄性有一个引人注目的装饰物——泛着虹彩的深紫色喉羽，随着头部的移动而呈现出不同颜色。对于这种小型鸟类而言，体色丰富程度和动作协调度关乎是否能够求偶成功。

科氏蜂鸟从墨西哥向北迁徙的距离相对较短（与其他蜂鸟相比），它们在深冬和早春时节到达沙漠，并在天气变得炎热之前完成繁殖。到达之后，雄性会划分领地，在自己的领地内吸食各种各样的花蜜，吃空中飞行的昆虫，最重要的是，吸引雌性。雄性在开阔的空间里更容易被看见，尤其是当雄性在高高的枝头抵御对手时更是如此，但雄性由于体型过小，很容易被雌性忽略。为了弥补这一不足，也为了炫耀自己耀眼的色彩，每只雄性蜂鸟都会进行壮观的飞行表演。它先上升到 10 米高空，然后合上翅膀俯冲，接着再次迅速上升，以“U”形路线飞行。当这只雄鸟俯冲时，疾风掠过它的尾羽，发出响亮的哨声。它还会进行一种所谓的“穿梭表演”，它会左右摇摆，把脖子上的羽毛张开，这样虹彩色的羽毛就会闪闪发光。变换方向是为了进一步展示羽毛从紫色到粉红色的变化，尤其是当它在耀眼的阳光下飞行时。雄性的整个表演旨在吸引眼光挑剔的雌性。虽然求偶成功的雄性在一个繁殖季节可能会与多个伴侣交配，但每个雌性只交配一次，然后雌性必须花费大量时间和精力孵卵和抚养雏鸟。雌性需要在求偶的雄性中做出正确的选择，而雄性的主要工作就是让雌性相信自己就是那位“真命天子”。

***

上图 雄性科氏蜂鸟的喉部有紫色羽毛，会在求偶时张开。虹彩色的羽毛在阳光下闪亮夺目。

虹彩色羽毛是许多鸟类使用的一种炫耀手段，这涉及对光线的控制，好让羽毛在不同的观看角度呈现不同的颜色。然而，还有一种更专业、更罕见的操纵光的手段，它可以使代表交配信号的颜色看起来闪闪发光。在澳大利亚东北部偏远的森林中，雄性小掩鼻风鸟在小片空地上的斑驳光柱之间来回移动。它大声鸣叫以吸引雌性。雌性的体表是暗棕色的，这是一种很好的保护色，它们会在附近的树枝上等待雄性的精彩表演。雄性随后抖动羽毛，在身体周围竖起

上图 生活在澳大利亚昆士兰州的雄性小掩鼻风鸟正在摆弄姿势，希望能吸引雌性的注意。

翅膀，炫耀羽毛。当雄性向雌性求偶时，它会机械地左右移动身体，炫耀着黑色的羽毛和胸前、喉部和头顶上闪着金属光泽的蓝色羽毛。雌性如果愿意，就会加入舞蹈并最终与其交配。跳舞是雄性小掩鼻风鸟从出生就会做的事情，但跳舞技巧需要通过与其他雄性一起练习多年才能完善。不过，如果它们没有醒目的体色，其表演于求偶而言就没有什么实际用处。

众所周知，小掩鼻风鸟和在新几内亚岛发现的一些极乐鸟均有着黑色的羽

上图 普通的黑色羽毛（左上）和超黑羽毛（右上），普通黑色羽毛的羽小支（左下）和超黑羽毛的羽小支（右下）。

毛，而且这种黑色看起来没有光泽，为哑光黑。它们的羽毛比乌鸫的羽毛还要黑，黑得几乎像是不会反射任何光线的一个黑洞。自然界中这样的黑色被称为“超黑”。通过使用特殊技术，科学家们可以测量出这些鸟的超黑羽毛吸收了多少光，结果发现，它们吸收了 99.5% 照射到羽毛表面的光。它们能够做到这一点取决于羽毛的结构。在普通的黑色羽毛中，被称为羽小支的细丝大部分平置，这导致光线被反射回去而不是被吸收。然而，超黑羽毛中有向上翘起并弯曲的羽小支，就像回飞镖一样，所以当光线在羽毛中来回反射时，羽小支不断地捕捉光线，直到光线基本都被吸收。羽毛结构也是有方向性的——从雌性观看求偶表演时的角度来看，雄性体表的黑色所带来的视觉效果通常更突出。

问题是为什么这些极乐鸟会有这种超黑羽毛。它们鲜少全身黑色，通常有着各种令人惊叹的颜色，如充满活力的蓝色、红色、黄色和带金属光泽的绿色。众所周知，对任何一种颜色的感知都取决于看到这种颜色时所处的环境，其中主要的影响因素是这种颜色周围的其他颜色。例如，如果一种颜色周围有许多其他明亮的颜色，它看起来就不那么显眼了。为了让自己的体色脱颖而出，这些极乐鸟以及某些种类的蝴蝶会用超黑的底色搭配鲜艳的颜色，这样做会使后者显得更加鲜艳，甚至在黑色背景的映衬下熠熠生辉。凭借出色的求偶表演而备受关注的雄性华美风鸟比其他任何物种都能更好地说明这一点。为了给雌性留下深刻印象，雄性会将自己的黑色羽翼摆成半椭圆形，这样一来，它胸部和头顶闪着金属光泽的蓝色羽毛就好像飘浮在空中，在雌性眼前闪闪发光。这样的表演几乎让雌性头晕目眩，有一定的催眠作用。

右页图 显眼的蓝色与超黑色相映成趣，为生活在巴布亚新几内亚的东裙风鸟增添了醒目的装饰。

背后的科学

鸟类是从一群兽脚亚目恐龙进化而来的，其中包括霸王龙等标志性捕食者。人们一次又一次地猜测鸟类那些引人注目的祖先会是什么样子。值得注意的是，近年来的发现和新技术为揭示一些已灭绝动物的实际外观带来了新的可能性。几十年来，对恐龙体色的还原一直是基于直觉判断。如果我们知道一头恐龙生活在什么样的地方，以及它的体型和生活方式等细节，那么我们就可以推断出它的外观，例如，它是否有棕绿色的伪装色以融入丛林之中。再加上一些明显的特征，比如剑龙有背板，我们也许就能对特定恐龙进行准确的复原。以前，关于恐龙实际的体色和颜色明暗度如何，它们的体表有什么图案，这些图案位于何处，我们基本上都只能猜测。然而，基于最近发现的化石，特别是那些在恐龙的软组织腐烂前被迅速保存下来的化石，再加上先进的成像技术和高倍显微镜，人们有可能做出更精确的恐龙体貌重建。

一些最重要的发现表明，许多恐龙身上都有羽毛，这完全改变了我们对这些古老的爬行动物的最初印象。有些恐龙的羽翼相当发达，其中包括一种在中国发现的、可以追溯到 1.2 亿年前的被称为小盗龙的恐龙，它的四肢上均有羽翼，可能是用来滑翔的。其他恐龙，包括霸王龙，体表可能都有毛茸茸的羽毛。动物进化出羽毛最初并不是为了飞行，而是为了保温，而且很有可能也被用于求偶炫耀。与大多数书中描绘的无毛的鳞片皮肤不同，一些恐龙的体表为松软的羽毛所覆盖。更重要的是，一些恐龙的化石中保存着含有黑色素的微小细胞器残留物，以及它们的结构排列方式。科学家的细致分析可以揭示这些排列方式可能形成的颜色，如果足够多的身体组织被保存下来，我们就可以进一步推测恐龙的体表图案。科学研究并非没有引起过争议，但至少我们现在知道，一些恐龙的体表可能由深色和浅色图案组成，就像喜鹊一样，又或许还有着红棕色的头冠。对小盗龙化石的分析表明，它的黑色素层结构可能会使它长出带有蓝色光泽的黑色羽毛。和辉椋鸟的羽毛很像，它的羽毛可能会在不同的光线下改变颜色，这可能对吸引配偶很重要。小盗龙也有相对较长、较宽的尾羽，这可能也被用于求偶炫耀。迅猛龙因为《侏罗纪公园》等电影而声名大噪，但在现实生活中，它的体型要小得多，除了尾巴和上肢（翅膀）之外，身上也可能覆盖着绒毛。它可能不会飞，所以四肢上较长的五颜六色的羽毛可能具有传达信息的作用，目的可能是保护它的巢穴。推断恐龙的外表特征及相应的行为非常难，但生活在白垩纪时期的恐龙在地面上留下的痕迹证据使一些科学家推测这些痕迹所在的地方是求偶场，类似于孔雀的求偶场。一些体型更大的食草恐龙的化石显示它们的体表有着具有伪装效果的多种图案。

因为黑色素会产生黑色和棕色，所以，直到我们在恐龙化石中找到其他关于颜色的证据之前，我们仍无法知晓恐龙的真实颜色，或者它们是否像某些鸟类或蜥蜴一样具有艳丽的色彩，但我们正在逐步接近真相。在 1 000 万年前的蛇化石中，科学家发现了类胡萝卜素。随着时间的推移，我们可能会更加了解这些早已灭绝的动物的求偶炫耀行为。

在特立尼达的溪流中生活着一种许多水族爱好者都很熟悉的鱼——孔雀花鳉（又称孔雀鱼）。走进任何一家水族馆，你都可能看到一缸孔雀花鳉，每条有几厘米长，颜色丰富，包含橙色、红色和蓝色。长期以来，孔雀花鳉一直是水族馆的主要经营品种，其中有许多人工繁育品种，它们比野生孔雀花鳉性情更大胆、体色更明亮。尽管如此，生活在中美洲和南美洲淡水溪流中的孔雀花鳉仍然不失美丽，雄性孔雀花鳉的体表有着漂亮的颜色和图案，外观因个体而异，几乎没有两条一模一样的雄性孔雀花鳉。孔雀花鳉的聚集行为让它们的色彩更为引人注目。通常情况下，雌性的体色比雄性暗淡得多。

除了作为宠物之外，孔雀花鳉还是生物学家最广泛研究的动物之一，他们主要集中于对其体色和视觉的研究。孔雀花鳉为杂食性鱼类，能吃各种各样的食物，包括水果和昆虫，它们觅食的一个重要目的是获得类胡萝卜素。类胡萝卜素不仅对维持健康很重要，而且还可以帮助雄性在求偶时更好地展示自己。

不同品种的孔雀花鳉的情况有所不同，但雌性孔雀花鳉大多对橙色有特殊的偏好，这种偏好似乎与孔雀花鳉针对橙色食物而进化出的视觉系统有关。一般而言，除了橙色之外，孔雀花鳉识别其他颜色的能力也很好。在实验中，使用富含类胡萝卜素的食物饲养的孔雀花鳉比使用只含有少量这种色素的食物喂养的孔雀花鳉的视觉系统对橙色和红色更敏感。因此，对于孔雀花鳉而言，其视觉、饮食、健康和体色都是相互关联的。在求偶过程中，雄性的体色提供了重要信息：具有较亮橙色斑点的雄性可能身体状况更好、更善于觅食、携带的寄生虫较少，因此总体上生存能力更强。求偶竞争往往很激烈，以至于雄性会利用一些匪夷所思的狡猾策略来战胜对手。

就像有着超黑羽毛的鸟类一样，这些孔雀花鳉身上的有色斑点的展示效果取决于周围的环境：当周围环境的颜色较为单调时，斑点的颜色看起来会更明亮。雄性孔雀花鳉很好地利用了这一点。一些雄性会与斑点暗淡的雄性混在一

右页图 一条雌性孔雀花鳉（最上）和多条雄性孔雀花鳉，它们的体色差异一目了然。

起，这样它们的斑点颜色看起来就会比实际的颜色更加艳丽，它们还会在一天中光照条件最好的时候在雌性面前展示自己。

雄性孔雀花鳉的头等大事就是寻找配偶，为此，它们的体色可能会越来越鲜亮，身体与鳍上的蓝色和橙色斑点会愈发绚丽。然而，这些孔雀花鳉也面临着危险，有可能成为丽鱼等动物的美味佳肴。这些捕食者擅长利用视觉系统定位猎物，孔雀花鳉鲜艳的颜色不仅帮助它们引起异性的注意，也让它们更容易被捕食者一眼锁定。进化论给出了对此种情况的解释，它们需要在繁衍和生存之间进行权衡。在特立尼达的溪流中，很少有孔雀花鳉的天敌，雄性孔雀花鳉的体色不会增加被捕食的风险，因此进化得五颜六色。相比之下，在遍布捕食者的环境中，雄性的体色要更单调。

雄性孔雀花鳉外观差异的演变经过了很多代。那些对雌性有吸引力同时又能避免被吃掉的雄性得以繁衍更多后代。随着时间的推移和世代的演进，它们找到了既有利于求偶、又能躲避天敌的体色。不过，有些动物在这方面似乎更加灵活，它们可以戏剧性地改变体色，在求偶和避险之间达到理想的平衡状态。许多鸟类使用高速飞行、舞蹈、缤纷色彩或超黑的羽毛来向雌性传达交配信号，另一些动物则能够在一段时间内彻底改变自己的体色以吸引异性。与孔雀花鳉一样，在许多情况下，动物改变体色需要做出权衡：一方面想让心仪的雌性看到自己，另一方面又不想引起不必要的关注，以免被那些可能对自己造成伤害的动物看到。

***

在南亚次大陆的雨季中，体型硕大的蛙类成群聚集在临时形成的水塘里。这些印度牛蛙体长可达 16 厘米，平常的体色为普通的绿褐色，除了体型与当地其他蛙类相比差别明显之外，其他方面不是特别引人注目。然而，在繁殖季

节，雄性的体色会发生惊人的转变。一夜之间，它们的体色从沉闷的保护色变成了更加夸张的明亮色调，它们的身体呈现出艳丽的黄色，声囊也一改往日的色彩，变成了明亮的蓝色。

通常情况下，这些蛙类大多在夜间活动，但在雨季，它们会早早活跃起来，此时，它们会找一个水塘聚集在一起，试图找到同意交配的雌性。雄性会争先恐后地争夺有利位置，希望吸引雌性的注意。雌性的体表保持着暗淡的颜色，它们漂浮在水中，眼睛留在水面上以观察潜在的伴侣。雄性的亮黄色身体在浑浊的水的映衬下显得格外醒目，而蓝色的声囊则更加引人注目。印度牛蛙可以看到黄色和蓝色形成的强烈对比，这是自然界中最古老的颜色组合之一。每只雄蛙发出叫声时，它的蓝色囊袋就会膨胀和收缩，加上黄色的身体，极具视觉冲击力。雄性鲜艳的颜色和求偶的叫声都有助于雌性寻找潜在的配偶，也有助于雄性发现竞争对手。一旦雌性选择了一位配偶，这对伴侣就会前往略微安静

上图　雄性印度牛蛙在雨季时会聚集在一起，身体从保护色转变成充满活力的黄色，与蓝色的声囊形成了鲜明的对比。

的地方产卵。当一切繁殖活动都完成后，雄性就开始变回原来的样子。几天后，它们就又恢复成了保护色。

这些动物的体色变化使它们能够在需要的时候融入环境，或者从周围环境中脱颖而出，而且它们也不必因为维持一种不合适的体色而付出代价。一些动物，尤其是乌贼和章鱼，可以在几秒钟内迅速变换体色。然而，对于大多数生物而言，这种变化更加缓慢，有时需要数小时或数天才能完成。这可以帮助它们适应季节变化（例如白靴兔的皮毛会在冬天变成白色），或者在更换环境时通过调整外观以适应新的环境。对于雄性印度牛蛙而言，体色的变化会让它们格外显眼，它们会向雌性炫耀其令人眼花缭乱的繁殖体色，但这种体色只是暂时的，因为维持这种体色的时间越短，被捕食者发现的风险就越小。在一年中的其他时间里，它们可以依靠保护色来融入周围环境。

***

对于黑白仰鼻猴来说，在一年中的大部分时间里融入环境并非首要任务。这些濒临灭绝的灵长类动物基本只生活在中国云南的森林中，那里的海拔超过 3 000 米，它们主要以嫩叶、地衣为食，需要应对寒冷的环境。它们有着有趣的外表：毛茸茸的灰棕色皮毛，黑色的眼睛，翘起的鼻子，以及白色或粉红的面庞。它们的名字可能源自特殊的鼻子，此外，它们还有另一关键特征：丰满的红唇。

社会生活对大多数灵长类动物都很重要，对于它们来说也是如此。在黑白仰鼻猴的家庭群体中，一只年长的雄性猴子为一家之主，能够与雌性交配。该群体由一只雄性、3~5 只雌性和若干年轻猴子组成。附近还生活着其他家庭群体，但每个群体往往不约而同地保持一些距离，以减少雄性之间的冲突。此外，还有一些较年轻的成年雄性或尚未发育成熟的雄性生活在附近的单身群体中。

右页图　生活在中国的一只雌性黑白仰鼻猴正在带宝宝。红唇可能传达着关于其家族地位和生育潜力的信息。

有时候，不同的猴群会靠得更近，组成个体数量达几百只的更大群体，在这些群体中，雄性个体间有时会发生冲突，因此它们需要通过一种沟通方式来协调，而嘴唇起着重要的作用。

对于雄性而言，随着年龄的增长，它们的嘴唇会变得越来越红，在繁殖季节（8 月和 9 月）更是如此。科学家尚不完全清楚原因，但有一种可能的解释是：雌性对红色偏爱有加，也就是说，雌性会觉得嘴唇更红的雄性更有魅力。当雄性达到繁殖年龄、身体变得更强壮时，它们开始准备组成家庭，红色嘴唇表明它们已经成为合格的配偶候选者了。一旦进入繁殖季节，雄性的嘴唇会变得更红、更具吸引力，这种变化可能象征着嘴唇最红艳的雄性就是周围最优秀且最强大的个体，它既可以进行交配，也可以胜任一家之主。碰巧的是，在繁殖季节，没有占据主导地位的雄性的嘴唇颜色实际上会变淡。其中的原因可能是，通过减淡嘴唇的颜色，这些猴子表明了自己的从属地位，减少了与占主导地位的雄性发生冲突的可能性。目前尚不清楚雄性黑白仰鼻猴唇色变化的主要驱动因素是哪一种——雄性竞争、社会等级标志还是雌性选择，但这似乎都与交配脱不了关系，毫无疑问，唇色也是这些奇特动物的一大显著特征。

***

雄性的颜色和雌性所能看到的光谱对于繁殖来说显然非常重要，然而，成功找到配偶远不止这些因素。体色引人注目是非常重要的，而行为亦可能是关键因素。这不仅体现在雄性的集体表演动作中，还体现在它们如何增强其色彩的美感上。如果一只绿色的小鸟选择在森林的绿色背景下展示雄姿，可能就会因为融入了周边环境而无法脱颖而出。如果换个开阔场地，以蓝天为背景进行舞蹈表演，展示的效果就会好得多。除了选择向雌性求爱的恰当地点之外，有些动物还会巧妙地改变所处的环境，使自己的体色与众不同，甚至还会扮演“建筑师”的角色，制造出吸引雌性的特征。

最引人注目的求偶装扮奖必须授予极乐鸟，而总冠军的有力竞争者非丽色极乐鸟莫属。这种鸟生活在新几内亚岛的热带雨林中，它们完美示范了雄性应如何脱颖而出、炫耀体色。在茂密的森林中，环境相对阴暗，所以雄性必须寻找合适的场地来展示雄姿。就像其他一些鸟类一样，雄性丽色极乐鸟不满足于接受当前的环境，它们会对周边环境做出微调以达到最佳的展示效果。每只雄鸟都会从它选择的“舞台”中清除碍眼的杂物，这些杂物可能会减损其羽毛的耀眼程度或分散雌鸟的注意力。它也会寻找直立的树枝或小树，在上面跳来跳去炫耀身姿，其表演对象不限于某一只雌鸟，通常包括多只仔细评判的雌鸟，以及那些前来观摩学习的未成年雄鸟。

它的身姿相当亮眼——两根闪亮的蓝绿色丝状尾羽从背后卷曲着伸出来，翅膀是亮黄色的，腿部是蓝色的，胸前泛着虹彩的绿色羽毛呈盾牌状展开，头上的羽毛呈红棕色。雌性观众必须轮流在最佳位置观看其才艺展示，然后决定它是否为合格的伴侣，或是否应该前往其他地方看看。

像丽色极乐鸟这样的鸟类会为了在雌性面前展示自己的最佳状态而调整展示场地，但有些鸟类在这方面做得更到位。澳大利亚东部地区生活着一种鸟——缎蓝园丁鸟，它们会利用明亮的颜色吸引配偶。虽然雄鸟本身就已经魅力十足，但它们想要展示的并不是自己的羽毛，而是它们构建的景观。雄鸟需要 5~7 年的时间才能发育成熟，并获得漂亮的外观，这段时间值得等待：充满光泽的蓝黑色羽毛、黄色的尖喙和带有紫色虹膜的美丽眼睛将它们与橄榄绿色的雌性和未成年雄性区别开来。然而，成年雄性却没有完全依赖其美丽的外表。在繁殖季节，它们和其他园丁鸟一样，会精心建造特别的“凉亭”。这不是一个巢穴——雄鸟并不参与养育雏鸟，而是一个向雌鸟展示、炫耀的场所。凉亭两侧垂直摆放着小树枝，点缀着雄鸟收集的各式“精品”。雌鸟在寻找配偶时会拜

本页图　雄性丽色极乐鸟正用一棵小树作为舞杆来展示其色彩艳丽的羽毛（上）。当雄鸟展开它胸前的羽毛时，其表演渐入佳境。而从雌鸟的角度来看，华贵的虹彩色绿羽清晰可见（中间图为侧面视角，下图为雌鸟的视角）。

访雄鸟的凉亭，雄鸟便开始求偶行动，表演求偶舞，扬起翅膀，围绕雌鸟走来走去并发出鸣叫声。如果雌鸟对其印象深刻，便会接受雄鸟并与之交配。

缎蓝园丁鸟以其装饰凉亭的物品而为人熟知。在自然状态且远离人类干扰的情况下，它们会为凉亭装饰上花朵、蜗牛壳和蓝色的羽毛。在靠近人类栖息地的情况下，它们以利用各种废弃物而闻名，例如吸管、蓝色瓶盖、圆珠笔、蓝色晾衣夹甚至猎枪弹药筒——事实上，只要是蓝色的东西，都会得到雄鸟的青睐。雌性缎蓝园丁鸟显然很喜欢蓝色，因为这是雄鸟装饰凉亭的首选颜色。在求偶表演时，雄鸟也经常将其中一件蓝色物品衔在嘴里。

毫无疑问，雌鸟相当挑剔。它们在筑巢、准备繁殖时，会在不同时间多次到访某只雄鸟和其他雄鸟的凉亭，并进行比较。结果就是雄鸟就求偶表演和凉亭装饰展开了激烈的竞争，那些表演更加出色、凉亭装饰得更精致的雄鸟求偶的成功概率也更高。事实上，雄鸟并不总是公平竞争——众所周知，它们会从附近竞争对手的凉亭中窃取蓝色装饰品，这样，它们在提高成功概率的同时也能削弱对手的竞争力。

园丁鸟中有一个物种叫作大亭鸟，其雄鸟会利用视错觉来增加交配机会，雄鸟不仅仅会借助颜色，还会通过在凉亭周围放置合适大小的物体，来获得雌鸟的青睐。大亭鸟不像缎蓝园丁鸟那样使用很多亮色装饰物，它们会建造一个带有两堵直立树枝墙的凉亭和一个包含“林荫道”的展示区域，这个区域放着雄鸟精挑细选的灰色和白色物品，通常包括骨头、鹅卵石和贝壳。不过，最重要的并非这些装饰物本身，而是这些物品的排列方式。

当雌鸟来拜访时，它会站在凉亭的一端，看着雄鸟已经装饰好的林荫道，雄鸟则在另一端进行求偶表演。雄鸟知道前来考察的雌鸟会站在哪里，也知道自己在哪里表演的效果最佳，所以雄鸟会把最小的装饰物放在靠近雌鸟的地方，最大的物品放在离雌鸟最远的地方。如果雄鸟将装饰物随机排列，那么离雌鸟

第 92 页图　在澳大利亚昆士兰州的一片森林里，一只雄性缎蓝园丁鸟正用其精心收集的蓝色物品吸引雌鸟的注意。

较远的物品看起来会更小，林荫道也会看起来更长。相反，将这些物品从小到大排列，雄鸟便制造了一种称为“强迫透视”的视错觉，这就迷惑了雌鸟对远处物体大小的感知。经过摆放后，林荫道上的物体看起来几乎大小相同，林荫道本身也看起来更短，而雄鸟在视觉上会给雌鸟带来更加高大的感觉。除此之外，雄鸟通常还会衔起一个彩色物体来展示，这与暗灰色的背景形成鲜明对比，这样一来，其求偶表演的效果明显增强。雄鸟对视觉效果的操纵方式是行之有效的，因为更能赢得雌鸟青睐的往往是那些不同大小的物品摆放得更精心、视错觉效果营造得更好的雄鸟。

***

上图 一只雌性大亭鸟在雄鸟的凉亭边观察。雌鸟通过观察雄鸟所打造的凉亭和表演效果判断雄鸟是否适合成为配偶。

树洞前有一只鲜红色的鸟，它的胸前有蓝紫色羽毛。这是一只鹦鹉，是外表最令人叹为观止的物种之一。它旁边还有一只鸟，长着鲜艳的翠绿色羽毛、橙黄色的喙。由于雌性和雄性个体之间差异巨大，首先发现这些鸟类的欧洲博物学家曾认为它们属于不同的物种，但实际上它们都是折衷鹦鹉。大自然通常不会制定硬性规则，而那些所谓的规则恰恰是为了被打破而存在的。外行观察者起初会将体色为红色的折衷鹦鹉错误地认定为雄性，这是情有可原的，因为自然界中的雄性动物通常体色艳丽，而雌性往往体色暗淡。然而，对于该物种而言，情况正好相反——红色的鸟才是雌性。

折衷鹦鹉生活在所罗门群岛、新几内亚岛和澳大利亚北部，通常在雨林中大树高处的树洞里筑巢。雌性拥有更为艳丽的外表在自然界中并不常见，雌性折衷鹦鹉体表艳丽的原因似乎与其繁殖需要有关。

在少数情况下，雌鸟必须通过相互竞争来获取雄鸟资源，因此雄鸟非常挑剔，在繁衍过程中也几乎总是由雄鸟孵化鸟卵并照顾雏鸟。因为雄性拥有筑巢地这样宝贵的资源，因此它们通常供不应求。这是性别角色转换的典型案例。

然而，对于大多数鸟类而言，雄性必须互相争夺与雌性交配的机会。雌性每年只能产下数枚卵，而雄性可以产生成千上万个精子，这意味着雌性能产生的后代数量比雄性要少得多。对于雌性而言，质量胜于数量。而对于雄性而言，如果它与较弱的雌性交配后仍可以离开并与其他雌性交配，那么这一切都无关紧要——当然，前提是它足够幸运，能够被诸多雌性所青睐。

折衷鹦鹉长期以来一直是一个谜团，因为它们没有进行性别角色转换。与大多数鸟类一样，雌性折衷鹦鹉仍然属于稀缺资源，它们还要负责孵卵。这种鸟出现显著二态性一定是由其他因素造成的，这也反映了每种性别所面临的选择压力的差异很大。

适合筑巢的树洞很少，雌鸟必须保护雏鸟，以防被其他可能夺巢的雌鸟所

右页图 在澳大利亚昆士兰州北部的热带雨林中，一只绿色的雄性折衷鹦鹉正在向一只红色的雌性折衷鹦鹉求爱。

伤害。拥有树洞的雌鸟会积极地捍卫领地，它们在一年中有长达 11 个月的时间坐在洞口或守在洞口附近。众所周知，处于战斗状态的雌性折衷鹦鹉勇猛无比，它们会与巢穴侵犯者争个你死我活，就连其他种类的雌性鹦鹉也会被驱逐。在准备产卵的过程中，雌鸟会待在树洞上方的树枝上，在绿叶中炫耀其醒目的红色羽毛，向其他雌鸟广而告之“该巢已被占用，任何鸟不得侵犯”。鸟类具有出色的色觉，红色与绿色的对比度又非常高，即使待在洞口，雌鸟鲜艳的羽毛也很容易被看到。雌鸟通常能够承担比雄性更艳丽所带来的风险，因为雌鸟在受到捕食者威胁时可以躲入巢穴以保证安全。

雄鸟却没有这样良好的待遇。每只雌鸟依靠多达 5 只雄鸟来提供食物、抚养后代。雄鸟长途跋涉，每天需要花费几个小时来寻找水果等食物，因为它们承担了喂养伴侣和雏鸟的任务。因此，雄鸟的绿色羽毛相对而言是较为恰当的，尽管色调明亮，但它们在外出觅食时也可以利用周围的环境色进行伪装，它们的绿色羽毛在绿意盎然的森林中并不那么明显。相比之下，雄鸟在棕色树干上非常显眼，树干是求偶者的必争之地，雄鸟会在这里争夺与雌鸟交配的机会。每只雌鸟都需要许多雄鸟帮其抚养雏鸟，而每只雄鸟都愿意成为巢穴中大多数后代的父亲。如果雄性之间的竞争过于激烈，反而没什么好处。因此，对于折衷鹦鹉而言，雄性和雌性所面临的压力存在显著差异，其所处的环境的颜色亦有不同，如此种种导致了自然界中十分明显、出人意料的两性体色差异。这给我们上了一课：要理解动物为何长成现在的样子，我们必须首先了解生态。

上图 一只雌性折衷鹦鹉静卧巢中，迎来了一只刚从森林中觅食归来的雄性折衷鹦鹉。

***

动物的鲜艳体色经常被用来吸引伴侣。那些潜在的被追求者（通常是雌性，但也有例外）往往十分挑剔，因为它们旨在寻找体况最优且具有最佳基因的配偶。体色艳丽并非没有风险，虽然动物通过各种各样的技巧来展示其奢华的求偶装扮，但它们通常会避免在求偶时被捕食者看到，或者至少在繁殖后代的需求和落入敌口的风险之间进行权衡。然而，色彩鲜艳并不总是为了获得挑剔伴侣的青睐——有时也是为了压制对手和维持统治地位。

第三章

权力之争

提起自然界中雄性动物的争斗，我们可能会想到这样的画面：雄性马鹿顶着巨大的鹿角猛地撞向对手；肥硕的雄性象海豹眼球突出，狠狠地用牙齿撕咬对手。我们可能会认为，缤纷色彩的用途要浪漫、柔情得多，例如吸引雌性，但这种想法可能是错误的。有些雄性会利用充满活力的艳丽体色来宣示其统治地位。

五颜六色的体表图案在强调个体地位、抵御可能窃取雌性的竞争对手、垄断资源（例如食物）、保护领地以及展示动物的性情等方面具有重要作用。颜色有时甚至影响了动物在各自所处的环境中如何进化。颜色也可以象征权力。

***

纳米比亚大草原有着严苛的生存法则。成年长颈鹿虽然高大威猛，已经很好地适应了这片草原，但也必须努力寻找充足的食物和水源，保持身体凉爽，同时还要避免被捕食者吃掉。雄性长颈鹿还肩负寻找配偶的任务。长颈鹿属于社会性较强的动物，每群大约有 20 只雌性长颈鹿和幼鹿，以及一些雄性，群体状态、统治地位、体色和图案在个体行为和交配繁衍中起着重要作用。除了长度惊人的脖子外，这些动物最明显的特征就是体表的图案。由棕色斑块和白色斑纹拼接而成的图案看起来就像一幅拼图，不同物种的图案有所差别。表明物种信息只是这些图案的种种功能之一，具体起到什么作用取决于长颈鹿皮毛颜色的明暗。

人们曾经认为，雄性长颈鹿身上的棕色斑块仅仅能说明它们的年龄大小。从浅棕色到深棕色，不同长颈鹿的斑块颜色确实有所不同，而年轻的长颈鹿往往体色更浅。但事情其实要复杂得多，并非所有的雄性长颈鹿都会随着年龄的增长而体色变深，有些雄性在成熟的过程中体色变化不大，而有些雄性的体色甚至会变得更浅。这些变化似乎与个体的统治地位息息相关。那些斑块较深的雄性长颈鹿在与对手的竞争中更具实力，它们也更倾向于独来独往，来往于不同群体之间，寻找可以与之交配的雌性。

雄性长颈鹿的另一种处世之道是与雌性和群体其他成员打成一片。这些雄性体色更浅，地位更低，不够强壮，难以和对手争夺雌性。不过，当占统治地位的雄性不在附近时，它们可能会伺机争取一些交配机会。体色较浅的年轻雄

右页图 雄性长颈鹿通常通过残酷的角逐来维护统治权和繁殖权，就像肯尼亚马赛马拉国家保护区里的这两只长颈鹿一样。

性可能会推迟求偶时间，直到自己变得更加强壮时才进行交配活动，但如果机会来临，它们也不会放过。不过，当其年龄尚小、身体还未成熟之时，卷入争斗是毫无意义的。

雄性的体色越深，表明其体内的睾酮水平越高，战斗能力更强，也更能耐受高温，即身体状况通常更好。这些雄性所要付出的代价就是必须四处游荡以寻找雌性群体，还要承担与其他占统治地位的雄性打斗的风险。

雄性之间的斗争遵循固定的模式。当两个竞争者首次碰面时，它们会互相打量对方，争夺有利位置，并以适中的力度用脖子撞击对方。通常情况下，打斗点到为止，更具统治力、体色更深的雄性会取得胜利，保有和群体中雌性的交配权，但是当两个竞争者势均力敌时，打斗场面可能变得很糟糕。这种情况下，雄性长颈鹿将冲突升级，用自己的脖子猛击对手的腿和躯干，这一次的撞击力度相当大。这样的撞击可能会将对方撞倒在地，给其造成严重的伤害。最

上图 热成像摄像机显示出生活在肯尼亚的这群长颈鹿在夜间辐射出的热量。

终，更强壮的雄性占了上风，不过它可能也受伤惨重。

此外，正如我们可能想到的，长颈鹿的外观似乎也有伪装作用，可以模糊身体轮廓，让其隐入草原背景中。长颈鹿腿力十足，而且跑得飞快，不常受到狮子攻击——不过最好还是避开它们。长颈鹿的斑块还有另一个功能：皮肤下分布着大量血管，可以帮助它们降温。这些斑块本身会散发热量，使长颈鹿巨大的身躯保持在适宜温度范围内，当我们用特殊的热成像摄像机观察长颈鹿时，就可以发现这一点。当然，体色变深的代价是这些斑块也吸收了更多的热量，因此，对于体色较深的雄性而言，生存尤其艰难：孤独、炎热、总是面临着冲突。

长颈鹿是众多通过外表来彰显社会地位的哺乳动物之一，在这些动物中，很少有动物能像长颈鹿的天敌——非洲狮那样，拥有一副充满力量的形象。雄狮常被称为“百兽之王”，它们有着令人印象深刻的深色鬃毛，浓密的深色鬃毛是它们在竞争中保持领先地位的标志。

狮子的生活环境相对复杂，从某种意义上来说，它们的成功取决于朋友和敌人之间的力量平衡。一个狮群中的狮子可能只有几头，也可能超过 15 头。随着幼崽的成长和成熟，年轻雌性仍留在狮群中，而年轻雄性则被驱逐出去。这些雄性一般单独行动，不过，如果幸运的话，它们会与其他年轻雄性组成一个小联盟，有时数量可达 6 头。等到足够年长、强壮之时，成熟的雄性可能会有占领狮群的想法，但这并不是简单之事。它们必须先把目前的统治者赶走，然后才能接管狮群成为新的统治者。

狮群的权力交接是残酷的——新狮王不仅会将现有的雄狮全部驱逐出去，还会杀死原有狮群中所有的幼崽。此举旨在促使雌狮更早地发情，这样它们就能很快地怀上新狮王的后代。这看起来很残酷，但新狮王没有义务帮助抚养没有血缘关系的幼崽。如果狮群由雄狮联盟管理，那么雄狮之间就必须争夺与雌狮交配的权力，最强壮的雄狮会取得优先交配权，其他雄狮是否有交配权则取决于它们各自的统治地位。通常情况下，这些雄狮是有血缘关系的，因此它们仍然可以通过帮助亲属繁殖来传递自己的一部分基因。不过，有个问题是雄狮如何对外彰显其统治地位。狮子拥有出色的力量和尖牙利爪，杀伤力惊人，所以展示力量显然比使用力量安全得多。

狮子的鬃毛看起来各有不同，这并非巧合，狮子的视觉系统与许多动物不同，它们并没有出色的颜色鉴别能力。它们能看到颜色，但仅限于蓝色和黄色，因此我们如果尝试用红色与之交流是没有意义的。不过，狮子可以清楚地看到色彩的明暗差异。当雄狮进入发育期后，其鬃毛颜色会开始变深，这一过程会一直持续到成年时期。那些鬃毛颜色更深、毛发更浓密的雄性个体具有更高的睾酮水平和更强的战斗力，并且体况更好。这些狮子通常会获得更多的交配机会，能够优先享用猎物，并且更有可能成功地接管狮群。它们也会在狮群中维持较长时间的统治，拥有更久的交配权，因而它们的后代也有更多的生存机会。

然而，这些雄狮必须付出相应的代价，那就是更难维持正常体温。与长颈鹿所面临的情况一样，有着深色鬃毛的雄狮更容易吸收和储存更多的热量，这可能是生活在非洲一些炎热、干燥地区的动物所面临的重要问题。事实上，不管统治地位如何，在较炎热的地区，当天气变得更炎热后，雄狮的鬃毛往往都会变得更短、更轻薄。

***

上图 狮子可以通过深色的鬃毛来彰显其力量和统治地位。

有些动物能够通过更鲜艳的颜色彰显自己的力量。胡兀鹫是一种大型鸟类，生活于非洲、亚洲和欧洲的山区，其翼展可达 2.5 米，成鸟的下体、颈部和头部有着醒目的橙色或红色羽毛。有人认为这是其统治地位的象征。重要的是，胡兀鹫属于食腐动物，它们几乎不吃肉，对骨头中的骨髓更感兴趣，它们会将骨头从高处摔碎然后吃掉骨髓，而羽毛的颜色有助于确定哪只胡兀鹫能最先接触到尸体上的骨头，而具有统治地位的胡兀鹫可以最先获得食物。

胡兀鹫的羽毛颜色并非生来如此，幼鸟的羽毛并没有这种鲜艳的颜色。随着时间的推移，它们会寻找富含氧化铁的红色泥土来装扮自己，羽毛随之被染上颜色，而反复染色有助于其保持体色。然而，并非所有人都认为这种染色行为仅仅是为了装扮。有一种说法是，给羽毛染色可以杀死羽毛中可能存在的有

上图 在比利牛斯山，一只羽毛沾染上橙色泥土的胡兀鹫正在享用动物的骨头。

害细菌。不过，人们普遍认为，如果它们在争抢食物时爆发冲突，那些颜色最为鲜艳的胡兀鹫会优先获得食物。年龄较大、体型较大的个体通常具有饱和度更高的橙色或红色羽毛，这些胡兀鹫可能有着更大的领地范围，并且有时间、有能力寻找最佳的“染色剂”。

胡兀鹫并非唯一使用“染色剂”的动物，犀鸟、红鹳等诸多鸟类都会用特殊腺体产生的染料来装扮自己，但胡兀鹫必须在栖息地中寻找用以染色的特殊土壤。胡兀鹫必须很努力地装扮自己，而这种获取关键资源的能力本身可能就是一种地位的象征。

***

生活在西非的山魈可以说是自然界中体表色彩最丰富的哺乳动物之一。这种动物的华丽程度不亚于胡兀鹫，且它们不需要外界染料来维持体色，可以直接通过自身机制进行调控。山魈是一种令人印象深刻的灵长类动物，具有出色的色觉，是利用艳丽的体色进行权力展示的大师。它们生活在植被茂密的热带森林里，在斑驳的光线下穿梭于绿色和棕色的环境中，为此，山魈需要利用和环境色对比强烈的颜色进行信息交流，而红色和蓝色就成了完美的选择。

雄性山魈通常非常惹眼，其体型是雌性山魈的 3 倍，成年雄性的体色更为艳丽，看起来就像在身上涂了颜料：长长的鼻子呈鲜红色，鼻子两侧各有一抹蓝色，臀部是蓝紫色的，尾巴短且红。达尔文在撰写与人类进化相关的文章时指出，与大多数哺乳动物相比，山魈的体色着实是斑斓多彩。

山魈不仅是所有猴子中体型最大的，它们的群居规模也相当可观。通常，雄性首领会带领十几只雌性山魈和年幼的山魈一起生活。后代中的雄性山魈成熟后就会离开猴群，通常过着独居的生活。只有当它们到了繁殖年龄（有时要到 10 岁左右），才有能力统治一个猴群并争取交配机会。有时，多个猴群会生活在一起，形成一个更大的群体。一个大群体中可能有几百只猴子，据说在特殊情况下甚至会超过 1 000 只，在这里，一些成年雄性难免会“狭路相逢”。在小群体中，雄性必须在竞争中证明自己，打败对手，这样才能领导它的小群体并获得与雌性交配的机会，而在大群体中，竞争则更为激烈。

雄性山魈的鼻子和臀部的颜色不仅让它们更容易被看到，也传达了地位信息。鼻子越红，表明其体内睾酮水平越高。这些雄性往往更强壮、统治地位更高，并在最近的斗争中取得了胜利。如果有的雄性在斗争中败下阵来，或是临阵脱逃，其面部的红色就会逐渐失去光彩，不过红色鼻子旁边的蓝色变化不大。蓝色和红色能够形成强烈的视觉对比——前提是你能看到这些色调，当然了，山魈可以看到。

右页图 在幽暗的加蓬森林中，颜色象征着雄性山魈的统治能力，颜色越鲜亮，其地位就越高。

对于雄性山魈而言，鲜艳的红色关乎一切，尤其是在蓝色的映衬下。这既表明了它的统治地位，也代表了它对雌性的吸引力，同时还能让它在森林环境中更惹眼。雄性之间并不常常爆发争斗，但一旦发生打斗，肢体冲突往往十分严重。在少数情况下，失败者会失去性命。显然，通过磨牙、上下摆头等行为以及体色展示直接分出胜负就再好不过了。在大多数情况下，两只雄性山魈往往实力悬殊——一方明显更弱小或体况更差，因此，双方通过体色就可以判断竞争对手的强弱，根本不需要浪费时间打斗。只有当两只雄性山魈势均力敌且都不愿意让步时，争斗才会爆发。败下阵的雄性会抽离战场，并向胜利者表示自己的顺从——转身向胜利者展示蓝色的屁股。然而，任何雄性山魈的统治终将走到尽头，最后它要么自愿放弃地位，要么被其他雄性用武力征服。

上图 随着身体逐渐成熟，雄性山魈的面部会更加艳丽，臀部也更加惹眼。

背后的科学

山魈属于旧大陆猴，这些灵长类动物以及黑猩猩、大猩猩和我们人类都进化出了出色的色觉，但我们是以一种相当迂回的方式做到了这一点。在漫长的进化过程中，现代鱼类、两栖动物、爬行动物和鸟类的祖先均幸运地获得了出色的色觉，事实上，它们的色觉优于人类。现在，它们的许多后代通过眼睛中的 4 种光敏视锥细胞来观察外界颜色，能够探测到紫外线、蓝光、绿光和红光。它们拥有含 4 种视锥细胞的视觉系统，可以看到较广的光谱范围内的光，这通常意味着出色的色彩感知能力。而一个具有正常色觉的人只拥有 3 种视锥细胞。

然而，拥有良好的色觉也需要付出一定代价。眼睛里的视锥细胞数量多了，能够使用的其他种类的细胞就会相应减少，这意味着能够帮助个体在黑暗中进行观察的视杆细胞变少了。在哺乳动物进化史的某一阶段，也许是为了躲避统治了地球的恐龙，哺乳动物的祖先逐渐学会了昼伏夜出，在更隐蔽的地方活动。在黑暗中，色觉的用处没那么大，而感知亮度和对比度的能力更加重要。因此，那些动物提高了亮度感知能力和夜视能力，并放弃了部分视锥细胞。直到今天，许多哺乳动物都延续了这些能力，只用两种视锥细胞来观察世界，只能看到蓝色和黄色。有些动物在视细胞上进化得更为彻底，许多海洋哺乳动物完全丧失了色觉。

在恐龙灭绝后的一段时间内，一些哺乳动物再次在白天变得活跃，而良好的色觉一度显得颇为重要，因为你如果只能看到蓝色和黄色，那么就无法区分红色、绿色和橙色。那些旧大陆猴和一些新大陆猴“重新进化”出了良好的色觉，能够准确分辨黄色、

红色与绿色。色觉进化的一个主要原因是为了觅食——找到成熟的水果和多汁的新鲜叶子，而这些食物在热带地区通常是红色或黄色的。至关重要的是，这产生了一种连锁反应：如果这些灵长类动物最初是为了觅食而看到了更多颜色，那么它们也可以在交配活动中利用其出色的色觉和绚丽的体色。它们确实这么做了，现代的灵长类动物具有更好的色觉，倾向于在关乎交配和统治地位的体色展示中使用红色。

山魈有着独特的颜色交流系统，可以根据需要调节颜色的深浅，而有些动物的体色变化更为显著，能以惊人的速度实现颜色转变，其中最有名的可能要数变色龙。这些长相奇特的动物广泛分布于非洲，马达加斯加岛上的变色龙种类最为丰富，在这里，不同种类的变色龙千差万别。一些变色龙只有指甲盖大小，如侏儒枯叶变色龙，而有一些体长可以超过 60 厘米，如国王变色龙。无论体型大小，变色龙的视力通常都很好。变色龙的两只眼睛可以分别转动，不断观察四处，锁定各种小昆虫并以它们果腹。这种能力使它们具有出色的三维视觉和深度知觉，可以用黏糊糊的长舌头精准捕捉肥嫩多汁的虫子。出色的色觉使变色龙能够看到大自然中的缤纷色彩，但最引人注目的还要属它们自身的颜色变化——短短几秒钟内，变色龙即可将身体从鲜绿色或蓝色变为暗褐色。我们曾经认为其变色技能主要是用于伪装，但事实告诉我们，情况并非如此。

变色龙对于太靠近自己的对手不会很友好。它们通常会吸入更多空气，让身体显得更大，嘴巴里发出嘶嘶声，同时改变身体的颜色。它们改变体色的方式取决于两个方面：一是它们是否占统治地位，二是它们所在的栖息地类型。一般而言，当两个对手相遇时，彼此经过一番打量，更具优势的个体体色会变

得更加明亮，利用丰富的颜色和图案力压对方。相比之下，弱者则通过体色变暗以示投降，而示弱所使用的颜色并非随便决定。

侏儒变色龙的栖息地既包含各种森林，也包含更开阔的地区，各个地区的光照条件不同，植被的色彩也有所差异。然而，这些变色龙并不会将体色随意变成周围环境中的任一种颜色，它们能够呈现出来的色彩数量是有限的，这些颜色是物种长期为适应某种环境而产生的。例如，生活在有更多棕色植被、气候较为干燥的森林中的侏儒变色龙，可能会更多地选择绿色和蓝色作为“备用

上图 变色龙因善于变色而闻名，比如生活在肯尼亚的杰克森变色龙。变色龙变色的最主要目的是传递社交信号，而不是伪装。

色”，而生活在绿色植被更多的森林中的变色龙则会选择红色作为“备用色”。它们的保护色有助于其融入生存环境，变得不那么容易被捕食者发现，而一些鲜艳的颜色使它们能够变得更加显眼，以吸引潜在配偶。

变色龙的体色变化由神经系统控制，基于其对周边环境的观察和反应，以及它当前的“情绪”状态，即变色龙是处于应激状态还是平静状态。这些动物的皮肤里有两种细胞：色素细胞和虹彩细胞。色素细胞包含不同颜色的色素，可以吸收不同波长的光，虹彩细胞包含能反射光线的晶体结构。通过改变这些细胞的排列方式，变色龙可以迅速地变换各种体色和体表图案。

背后的科学

在自然界中，可以改变体色或调节体色明暗度的野生动物数量庞大，它们改变体色的方式亦多种多样。某些灵长类动物可以使身体的特定部位变得更红，比如嘴唇、脸、臀部或其他部位，这种改变通常和特定部位的血流量变化有关。某些动物在体内的激素水平变化之际（比如在繁殖季节），可能会有更多血液或颜色更鲜亮的血液流向体表或某些特定部位。以恒河猴为例，当雌性的脸呈现深红色时，就标志着它们正在发情并准备好交配了。

从昆虫、螃蟹到乌贼和变色龙，它们体内的色素细胞可以使其呈现出不同的颜色。这些色素细胞含有黑色素或类胡萝卜素等色素，加上不同组织层的结构变化，动物可以呈现出白色、蓝色、红色、绿色和黄色等多种体色。这些色素在细胞内以颗粒团的形式存在，当动物需要改变体色时，色素颗粒会在细胞内扩散或集聚。例如，当黑色素大量扩散时，动物体表的颜色就会加深。不同的色素颗粒团的扩散或集聚，可以改变特定区域或整个体表的颜色。一些动物的色素细胞由神经系统直接控制，包括变色龙、乌贼、章鱼和某些鱼类。另外，视觉系统通常也参与了体色变化，让动物能够对看到的物体做出体色变化的反应。乌贼为了自我保护，可以在几秒钟内迅速换上伪装色，使自己的体色与背景色融为一体，或者通过改变体色驱逐潜在竞争对手，进而赢得雌性的青睐。对于大多数生物而言，体色变化这一过程受体内激素水平影响，它们可能需要数小时、数天甚至数周的时间才能改变体色，激素水平的变化也可能受动物的视觉反馈系统或其他因素影响，例如，在繁殖季节，一些需要竞争的雄性动物会有激素水平的变化。激素在体内发挥作用，引起色素细胞的变化。

有些动物的体色会随着季节变化而改变，它们所需要的时间更久。北极旅鼠的毛色会在棕色和白色之间转换，以适应北极夏天的苔原或冬天的皑皑白雪。为了吸引配偶和打败竞争对手，像青山雀这样的鸟类会定期换羽，新羽的靓丽程度犹如一面照向过去的镜子，可以很好地反映出换羽前的体况。

上图 生活在马达加斯加岛的豹变色龙的尾巴。个体体内有含有色素的特殊细胞。
第 116~117 页图 这只具有非凡视力的雄性豹变色龙可以通过颜色变化融入周围环境、和其他变色龙进行互动。

变色龙需要通过变色来展示自己的统治地位，但这并不意味着它们不会借此来伪装自己。如果某种动物拥有这种天赋而不将其用于防御，似乎就很愚蠢了。事实上，变色龙是伪装自己的好手，它们甚至可以针对具有不同视觉能力的捕食者（例如鸟和蛇）改变自己的伪装。变色龙的体色变化还有另外一个关键功能，那就是调节体表温度。在炎天烈日下，它们的体色会变浅，以便反射更多热量，而在天气转冷时，它们的体色会加深，这有助于从外界吸收更多热量。然而，伪装和体温调节都不是变色龙进化出如此出色的变色能力的主要原因，变色的主要目的在于互动与交流。

***

某些物种的雄性无法改变自己的外观，但它们具有多种颜色类型，这与个体的社会地位和行为方式有紧密联系。在澳大利亚，令人惊叹的动物可谓比比皆是，体表五颜六色的鸟类在内陆地区随处可见，更不用说城市公园了。在澳大利亚生活着一种极为美丽的鸟——七彩文鸟。这种小鸟的身体看起来就像是由几个物种拼凑而成的，它们拥有一身五颜六色的羽毛，从绿色、蓝色到黄色、紫色等。野生的七彩文鸟多生活在干旱地区，因此水显得尤为重要，而水源地分布得相对分散，两个水源地可能相隔遥远。七彩文鸟群体内部有着饮水的先后顺序，饮水顺序是由它们的体色所决定的，也就是说，体色说明了一只七彩文鸟的地位高低。

七彩文鸟的体色丰富多彩，有些鸟头部的羽毛是红色的，有些是黑色的，还有些甚至是黄色的。红头七彩文鸟较为活泼好斗，在鸟群中的统治地位更高。当红头七彩文鸟出现时，黑头和黄头七彩文鸟会后退，给其让出空间。黑头七彩文鸟的攻击性较弱，在其他方面更为擅长：它们更加乐于冒险和探索外界环境。与其他鸟相比，这会使它们陷于更危险的处境之中，但也意味着它们可能会最先找到新的食物来源或筑巢地点。这些鸟容易被红头七彩文鸟驱赶，因此不得不在外冒更大的风险，同时，它们或许会因为体色没有那么显眼而减少被捕食的风险。

在繁殖季节，七彩文鸟需要求偶、交配，它们更喜欢与体色相同的异性交配，它们和伴侣的行为方式通常较为相似。不同羽色的鸟儿之间不会相互吸引，红头七彩文鸟更喜欢头部羽毛为红色的伴侣、黑头七彩文鸟更喜欢头部羽毛为黑色的伴侣，等等。此外，它们会争夺最好的筑巢地点，自然，红头七彩文鸟也有权优先选择最佳的筑巢地点。

红头七彩文鸟可能听起来占尽优势，因为它们可以占据最好的筑巢地点，优先进食和饮水——但为什么不是所有的七彩文鸟都是红头呢？答案是，红头七彩文鸟也有其劣势所在。一方面，它们在群体中有大量工作要做，它们必须捍卫资源并维护其统治地位，这些工作均需要时间和精力。红头七彩文鸟也承担着巨大的压力，其体内与压力相关的激素水平较高，这可能会对免疫系统造成损害。因此，红头七彩文鸟的预期寿命较短。另一方面，黑头七彩文鸟的生活节奏较慢，从短期来看，它们可能不太占优势，但是纵观它们的一生，黑头七彩文鸟的生存之道确有其可取之处。雄性黑头七彩文鸟不需要花费太多时间捍卫统治地位，它们会花更多的时间抚养雏鸟。结果就是，黑头个体数量占了该物种的三分之二。

科学家推测，红头和黑头等特征可能是生活在不同地理区域的种群各自进化出来的，在它们分开的那段时间，红头个体和黑头个体的行为也产生了差异。因为某种原因，它们重新相聚，生活在一起。不过还有另一种观点：两种颜色的七彩文鸟均有自身优势，它们各自的数量多少取决于两种颜色类型的普遍程度。如果一个种群中的七彩文鸟几乎全部都是红头的，那么它们之间便会为了竞争而攻击彼此，此时，攻击性较弱的黑头七彩文鸟在这里就会更占优势，它

们不会被卷入争斗，可以腾出足够时间和精力去冒险，寻找新的食物和巢穴。最终，进化达到一种平衡状态，即每种颜色类型的个体数量的相对比例较为稳定，这反映了它们各自的优势和生存成本。

至于七彩文鸟为何更喜欢与相同颜色的鸟交配，我们尚不清楚，但我们已经做出了一些假设。不同颜色的七彩文鸟的基因似乎不那么兼容，如果它们交配，其后代存活到成年的概率要比相同颜色的鸟的后代低得多，因为有这样一种可能：两种不同颜色的七彩文鸟交配后并不能生出兼具它们各自优势的后代，而是会生出各取其短的后代——这些鸟往往好斗又爱冒险，时不时为自己惹来麻烦。

可悲的是，七彩文鸟的野生种群数量只有约 2 500 只，它们正面临着相当大的生存威胁。随着野生七彩文鸟数量锐减，交配不得不在不同颜色的鸟儿之间进行，导致后代健康状况不佳，从长远来看不利于这个物种的延续。不过，

上图 在西澳大利亚州，一只攻击性较弱的黑头七彩文鸟正在等着饮水，占统治地位的红头七彩文鸟正优先享用。

雌鸟有自己的生存之道，并致力于提高后代的生存概率。例如，相较于与红头雄鸟配对，红头雌鸟与黑头雄鸟配对后能产下更多雄性后代。虽然不同颜色的鸟配对所产生的雄鸟平时表现不佳，但它们比自己的姐妹所遇到的风险更小。因此，雌鸟通过繁殖更多雄性幼鸟来增加后代长大成年的机会。至于鸟类是如何做到这一点的，我们尚不完全清楚。人类女性有两条 X 染色体，而男性有一条 X 染色体和一条 Y 染色体。鸟类则不同，雄性有两条 Z 染色体，雌性有一条 W 染色体和一条 Z 染色体。通过我们尚未查明的某种方式，雌鸟能够直接决定自己产下的卵是否含 W 染色体，从而可以决定其后代的性别，这样，雌鸟可以直接影响后代的生存机会。

***

鱼类中也存在雄性体色多样的情况。在非洲的坦噶尼喀湖及周围的水域中生活着一种值得关注的物种：伯氏妊丽鱼。和其他丽鱼一样，雄性伯氏妊丽鱼体色丰富，但不同寻常的是雄鱼的体色可产生可逆变化，这与展示统治地位和占领地盘有关。

在该物种中，一些雄鱼占主导地位并拥有领地，而另一些则位于从属地位，没有自己的领地。位于从属地位的雄鱼体色呈绿棕色，看起来很像雌鱼，而占统治地位的雄鱼具有很强的攻击性，其体色为更鲜艳的黄色或蓝色。这些占统治地位的雄鱼约占整个种群数量的三分之一，它们会在特定求偶场地进行求偶表演。这些雄鱼各自在湖床上占有一小块领地，它们不允许竞争对手进入此地，只允许雌鱼前来拜访。当然，那些体色更为暗淡的雄鱼也可以从不显眼的体色中获得好处。它们与雌鱼混成一群，这不是为了繁衍，而是为了获取更多的食物。当这些温顺的雄鱼被占统治地位的雄鱼驱赶时，它们总是直接一走了之。

上图 雄性伯氏妊丽鱼的体色会根据它们在斗争中的输赢而改变。

好斗的雄鱼会通过一系列展示行为向竞争对手释放信息。强强相遇有时会导致武力冲突，包括啃咬和追逐。当雌鱼准备好交配时，它们会更喜欢更具优势、体表色彩更丰富的雄鱼。

雄鱼的体色和行为可以很快发生改变。当先前处于统治地位的雄鱼输给对手（通常是更大的鱼）时，它的体色很快就会变暗淡，攻击性减弱。然而，先前体色暗淡的雄鱼获胜后，会在几分钟内就变得咄咄逼人，并在眼睛上形成黑色的条纹，其体色也会逐渐变得鲜艳明亮。这种体色和行为上的变化在很大程度上是由大脑中控制性行为的区域管控的。地位低的雄鱼经常被驱赶，其体内的应激激素水平很高，这会抑制那些关键脑区的活动。当这些鱼的地位升高、处于统治地位之时，其体内应激激素水平下降，控制性行为的脑区活跃度会明显提高，与此同时生殖器官进一步发育，它们通常会变得体型更大、更活跃，

上图 一条雄性伯氏妊丽鱼正用自己的体色吸引一条雌性伯氏妊丽鱼。

从而可以进行繁殖。这意味着，这些雄鱼的行为通常和社会地位有着紧密联系。地位最高的雄鱼不仅以鲜艳的色彩彰显地位，而且还会采取相应的行动，当它消失时，其他有竞争力的雄鱼则会接替它的位置。

有些雄鱼体色暗淡、毫不起眼，而另一些则色彩亮丽，其背后的原因似乎不难懂，可为什么占统治地位的雄鱼会有两种体色呢？在许多种群中，黄色个体和蓝色个体的比例似乎相当，而且，雄鱼不仅能从暗淡体色转换为鲜艳体色，还能灵活地从蓝色变为黄色，或从黄色变成蓝色。不过，雌鱼似乎对这两种颜色一视同仁，所以这种现象可能和雌性的偏好无关。让我们把目光投向攻击性。一般而言，雄鱼对与自己体色不同的鱼表现得更具攻击性，例如，黄色雄鱼对蓝色雄鱼的敌意比对其他黄色雄鱼的更大。黄色雄鱼也往往比蓝色雄鱼更占优势，这是因为黄色雄鱼体内的应激激素水平较高，这些激素影响攻击性行为，可能在短期内给它们带来了优势。与之形成对比的是，蓝色雄鱼对那些与雌鱼生活在一起的雄性个体更具攻击性，因为这些处于从属地位的雄鱼可能有一天会试图篡夺统治地位。虽然蓝色雄鱼的统治力较弱，但它们体重增加的速度比黄色雄鱼要快，这可能给它们带来了更长的统治时间，并有助于它们赶走潜在的新对手。我们尚不完全清楚为什么占统治地位的雄鱼有两种颜色类型，以及为什么它们能改变颜色，但答案可能和它们行为方式的差异，以及它们不同的生存或攻击策略所带来的不同益处有关。

***

生物学家之所以研究丽鱼，不仅是因为它们的体色，还因为它们在较短的时间内进化出了数百个物种。此外，还有一大类给人以深刻印象的脊椎动物也完成了快速进化，那就是安乐蜥属蜥蜴，它们主要生活在北美洲和南美洲。这些蜥蜴展示了动物如何快速扩展到新的地理区域，因此导致不同栖息地中的动物产生差异。安乐蜥属大约包含 400 种，仅仅加勒比海地区就生活着 150 种。许多岛屿都有属于自己的专有物种，在一些岛屿上，几个物种可能会生活在同一区域，其中，有的物种更习惯在森林地面上生活，而另一些则更适应在树上生活。

安乐蜥用于交流的体色存在很大的个体差异。它们的体色通常是具有伪装效果的绿色或棕色，此外它们还拥有一个惹眼特征——喉扇。喉部的这个扇形结构颜色明亮，在与同类“交谈”中扮演着重要的角色。不同物种的喉扇有所不同，有时这一结构能帮助它们辨别同类、捍卫领地。安乐蜥以其充满活力的求偶表演而闻名，它们经常会在表演中通过令人捧腹的身体动作来展示自己的喉扇。

背后的科学

在自然界中，某些动物的个体之间会出现较大差异，不同类型的个体占据了不同类型的栖息地。从进化的角度来看，这种“适应性辐射”有时会在短期内快速完成。最著名的例子要属达尔文发现的加拉帕戈斯雀，它们在不同的岛屿上进化出了各种喙形，以便取食各自所生活的岛屿上的食物。安乐蜥的情况与之相似，生活在邻近岛屿上的许多物种看似差不多，但生活环境各有差别。通常，对不同栖息地的适应性主要体现为该物种具有的对当地环境的适应性特征，而体色可能是这种特征的重要体现。例如，生活在森林下层的安乐蜥往往呈棕色，这种保护色和周围干燥的枯枝落叶以及树干的颜色相近。相比之下，那些生活在树上的安乐蜥往往通身绿色，好隐入绿叶丛中。随着时间的推移，它们会发展出不同的行为特征，不同类型的个体可能不再交配，因此慢慢地出现生殖隔离，形成独立的物种。渐渐地，单个原始物种分化成若干个各不相同的种，而加勒比海地区的安乐蜥就是典型代表。

有时候，动物的体色及其视觉能力可能在驱动适应性辐射方面发挥着重要作用。非洲一些大湖中的丽鱼色彩丰富、种类繁多，有大约500 个物种。它们在短时间内形成了一个多样化群体：在几十万年内进化出了许多物种。它们中的一些生活在更靠近水面的地方，另一些则生活在更深的地方，而湖泊的不同水层有着截然不同的光照条件。在非洲的维多利亚湖，红光比蓝光穿透得更深。那些生活在较深水域的丽鱼更善于看到光谱中的红光和橙光，也就是说，它们对红光和橙光更敏感。为了充分利用这一点，雄性体表变成了鲜红色，好吸引雌性的注意并与之交流。在靠近湖面的地方，相较红色而言，蓝色等颜色更容易被看到，生活在较浅水域中的丽鱼对波长较短的蓝光更敏感，为了方便交流，它们的身体往往呈现出带金属光泽的蓝灰色。

湖中的光照条件推动了各个群体视觉系统的进化，使它们对某些特定颜色更加敏感。这进一步影响了它们体色的演变，雄性通常会呈现出最容易被雌性观察到的颜色。正如我们推测的那样，鱼类对它们最容易观察到的颜色更敏感，其中就包括它们自己的种群在求偶过程中会使用的颜色，因此不同的种群间通常不会出现杂交的情况。光照条件、颜色和行为特征似乎都影响了许多丽鱼物种的形成。雄性之间的竞争在进化中可能也发挥了重要作用，因为如果某一群体的雄性针对特定颜色类型表现出了更强的攻击性（例如，在觅食活动中对红色雄鱼表现出更强的攻击性），那么其他群体中不同颜色的雄性（比如蓝色雄鱼）就可能因此获益，因为遭受到的攻击会相对较少。结果是生活于同一区域的丽鱼在体色上产生了差异，甚至有可能进化成不同的物种。

安乐蜥的领地意识非常强。例如，绿安乐蜥在面对自己不喜欢的不速之客时可能表现得非常好斗。雄性绿安乐蜥小小的领地里可能会出现多达3条雌蜥，这时，它们会更加奋力捍卫领地。雄性绿安乐蜥长着红色的喉扇，而雌性的喉扇则不怎么显眼，尺寸更小且颜色更浅。喉扇可能在争夺食物等活动中发挥着作用，如果一条雄性安乐蜥闯入了另一条雄性安乐蜥的领地，后者就会伸出它的喉扇，上下摆动。如果警告不起作用，它会通过武力把入侵者赶走，甚至会去咬对方，直到有一方屈服逃离。

不同物种的喉扇的颜色差异很大，图案和大小也各不相同，但我们尚不确定为什么有些喉扇是绿色和黑色的，而有些是紫色、蓝色甚至白色的。可能是因为它们需要多种多样的颜色来吸引配偶、识别同类。另一种可能是，所有颜色的喉扇都能有效地实现相同的交流目的，因为安乐蜥具有出色的色觉，各个

上图 生活在哥斯达黎加杜尔塞湾地区的安乐蜥具有出色的伪装能力，不过它们在交流时喜欢展示喉部的亮色喉扇。

物种只是随机采用了各不相同的颜色来实现相同的交流目的。安乐蜥的喉扇的一个奇特之处是，其颜色通常受生活环境影响。

那些生活在阴暗的森林深处的物种往往长着黄色的喉扇，而生活在光线充足的环境中的物种更有可能长着红色或橙色的喉扇。在低光照条件下，黄色的喉扇在阴暗的绿色丛林中似乎更为惹眼，而在明亮的地方，红色或橙色更加惹眼。事实上，安乐蜥的确在明亮的环境中更容易对红色或橙色做出反应，在昏暗的环境中则更容易对黄色做出反应。研究这些蜥蜴的科学家还注意到，在阴暗的森林中，它们的喉扇似乎会发光，而这绝非个例，许多种蜥蜴的喉扇都是半透明的，从它们身后射过来的阳光可以透过喉扇，使其颜色更鲜亮，更容易与环境色区分开来。这个技巧在光线不那么充足的环境中尤其有用。

栖息地也会对安乐蜥在展示行为中使用喉扇的方式产生重大影响。生活在波多黎各的雄性冈拉克安乐蜥有一个明亮的黄色喉扇，它们通常在森林中较低的树干上展示自己对领地的统治权。除了展示明亮的喉扇，这些蜥蜴还会通过摆头的方式驱逐其他雄性。不过，它们通常会先做些别的事情——在树上做“俯卧撑”，即快速抬起、放下身体。不过，它们做“俯卧撑”还要挑场合，一般更可能在周围环境较暗或刮风的时候开始做“俯卧撑”，这样做的目的是吸引对方的注意力，以便继续展示别的动作。在天色较为昏暗的时候，其他表演不太容易被竞争对手看到，同样，在植物被风吹来吹去的时候，通过其他动作向对方传递信息较为困难，而做“俯卧撑”可以吸引对方的注意力，以便向那些别有用心的雄性进一步示威。这就相当于我们先对着马路对面的朋友大喊一声以引起对方的注意，然后才说具体的事情。在阴雨天或大风天，如果先做“俯卧撑”，对手则更有可能看到后续的展示行为并做出反应。因此，这些蜥蜴艳丽的色彩、颇具魅力的行为，至少在一定程度上由它们在不同的环境和生活条件下相互交流的需要所塑造。

左页图 棕安乐蜥只有在需要的时候才会展开红色的喉扇，而在其他时候，它的体色具有很好的伪装效果。

***

正如我们所知，并非所有的动物都用我们人类看得见的颜色和光进行交流，尤其是无脊椎动物，它们的交流方式截然不同。其中，许多种类的螃蟹色觉相对较差，它们能看到的颜色种类比人类少，它们的复眼所看到的世界对于我们人类而言是相对模糊的。不过，也有一些螃蟹拥有较好的色觉，其中就包括某些种类的招潮蟹，它们经常会把自己打扮得非常艳丽，以起到交流作用。在周围捕食者较少的时候，有些招潮蟹的体色会变得更鲜艳。它们需要同时考虑躲避捕食者（尤其是鸟类）和与其他螃蟹进行交流的需要，最后决定是提高还是降低体色的艳丽程度。

招潮蟹营穴居生活，喜欢生活在泥滩和红树林之间的湿地里。从巴西海岸、东南亚的红树林到澳大利亚的海滩，你都可以找到不同种类的招潮蟹。对于招潮蟹而言，它们所能看到的是水平的世界，因此，为了尽可能看得清楚些，它们的眼睛长在较长的眼柄上，稍稍远离地面，这样一来，眼中的世界可以分为地平线上方的空间和与地平线齐平的空间。

出现在地平线上方的东西很可能是捕食者，而出现在地平线附近的一般是其他螃蟹。招潮蟹的眼睛可灵活调节，能够高效地分辨头顶上的物体，比如某些向它俯冲而来的物体。位于细长眼柄上的眼睛，以及光敏细胞的排列方式让招潮蟹能够拥有较为广阔的视野，并探测到可能朝它移动过来的威胁。

招潮蟹是一类有趣的生物。雄性招潮蟹有一只很大的螯，某些招潮蟹的大螯重量几乎占全身体重的一半。当招潮蟹从洞穴里出来时，它们便挥舞着那只大螯进行交流。它们的体色相当鲜艳，看起来很容易被发现，但在拥挤的泥滩上，无数招潮蟹都在挥舞着大螯，要想准确认出某一只并不像想象中的那么容易。在这种情况下，准确识别某个个体尤其具有挑战性，因为泥滩上的螃蟹实

右页图 高高竖起的眼睛、大螯和明亮的体色均有助于招潮蟹在泥滩上更好地交流。

在太多，而且都在同一时间挥舞着螯移动。更糟糕的是，它们很容易隐入泥滩中。尽管如此，招潮蟹仍然可以在 2 米开外就发现另一只招潮蟹，在 10~15 米开外就发现一只在空中飞翔的小鸟，但它们不能像我们人类一样将细节看得很清楚。

除了利用细长的眼柄外，它们还会通过另一种方式探测危险、发现对手。且不论它们对颜色的感知能力如何，许多螃蟹都有一项人类没有的技能：它们能看到偏振光的变化，并对其做出反应。这种本领对栖息在沿海地区的螃蟹有很大的帮助。潮湿表面和泥滩上的小水洼会反射光，这种情况在阳光强烈的热带地区尤为明显。偏振视觉系统带来的好处之一就是可以增强对比度和减少眩光。想象一下，当你戴上偏光太阳镜看向大海时，你看到的世界更加清晰，海浪下的很多东西都可以看得一清二楚。这样，环境中许多不易识别的东西也会变得显眼。例如，一只在天空中盘旋的白色食肉鸟本可以与天空融为一体，但在偏振光下，它清晰的轮廓无处遁形。这是因为这种鸟的身体不反射偏振光，所以它看起来很暗淡。当捕食者离得较近时，招潮蟹可以利用这一点发现它，然后迅速寻找掩护。它们也会利用这一点让自己在竞争对手面前更显眼，虽然在招潮蟹的视野中，它们自己通常会落在地平线附近，但它们可以将螯挥舞得更高，好让自己更显眼。

每只雄性招潮蟹都会挖一个洞，并保护自己的小领地免受竞争对手的破坏。洞穴是一个安全避难所，它们在有危险时可以躲进去。洞穴也是吸引雌性的重要场所，一些雄性招潮蟹甚至会在洞穴旁建造漂亮的泥浆结构来吸引雌性的注意，所以它们必须保护这些“建筑物”不受竞争对手的破坏。

招潮蟹会利用偏振光来发现靠近自己的对手，这可以算是一种预警系统，洞穴的主人会提前准备保卫地盘。巨大的螯虽然沉重，却是极具威慑力的武器。在搏斗过程中，它们将大螯推来推去，试图将对手翻转过来，直到其中一只战败离开。显而易见，雌性招潮蟹更喜欢有着更大、更鲜艳的螯的雄性。一开始，

上图 一只雄性招潮蟹正在展示自己硕大的螯。有些螃蟹能看到颜色，也能识别偏振光。一架特殊的偏振相机显示，海滩和招潮蟹的甲壳之间的对比明显，可能有助于招潮蟹发现远处的同类。

雌性被雄性那晃动的大螯所吸引——同样，这属于在偏振光下更容易看到的东西，大螯会与背景形成鲜明的对比。雌性会靠近雄性，进一步评估雄性的体色鲜亮程度，以确定其是否就是最佳配偶。有些雄性招潮蟹在展示体色时，也有自己的盘算，它们的亮丽色彩并非布满全身，而是分布在最容易被其他螃蟹看到的地方，例如“脸”和螯，而它们的背部则更暗淡——这能帮助它们躲避捕食者。

***

在地球上所有的动物中，长相最奇特的动物之一也许要数螳螂虾了。这类神奇的海洋生物打破了视觉交流的规则，将色彩和偏振光的使用提升到了一个全新的高度。它们有两只特别的大眼睛，可以独立转动，而且似乎没有方向限制。它们有着千变万化的颜色和图案，并且装备着一些自然界中存在的强大武器。世界上大约有 400 种螳螂虾，它们都是出了名的好斗。它们会将特殊的掠肢作为武器，有些螳螂虾的掠肢像尖锐的长矛，可以穿刺物体，而另一些螳螂虾的掠肢像是棍棒，可以撞击物体。它们挥舞武器的速度比人类眨眼的速度快 50 倍，其力量足以打碎玻璃，冲击波可以将不幸的受害者当场击晕。

毫无疑问，螳螂虾是地球上色彩最丰富的生物之一。在印度洋 - 太平洋海域中生活着一种无比艳丽的雀尾螳螂虾，它们生活在浅水区，栖息深度可达 40 米，通常将洞穴建在珊瑚礁底部的碎石中。这种虾的体表融合了绿色、红色、蓝色、白色、橙色和紫色等各种颜色，但科学家感兴趣的是它们的视觉和眼睛。人类的视网膜上有 3 种视锥细胞来辨别颜色，而一些螳螂虾有 12~16 种光感受器，包括几种专门针对不同波长的紫外线的感受器。奇怪的是，这并不意味着螳螂虾能比我们人类看到更多的颜色——事实上，恰恰相反。

螳螂虾天生好斗，并非能和平相处的对象，但它们的一些特点可以帮助我

右页图 很少有动物能与雀尾螳螂虾的体色和奇异的眼睛相媲美。

们更好地理解视觉，例如，它们经过训练可以完成一些任务。在实验室里，被训练过的螳螂虾会在两个物体中做出选择，我们可以借此研究它们如何以及何时能区分两种颜色。在实验中，研究者惊奇地发现，尽管它们有多种光感受器，但它们分辨颜色的能力实际上不如人类。它们的感受器细胞与大脑之间有一条直达通路，而且，不像绝大多数其他已知的动物，它们似乎不会比较大脑的输出信号，只是简单地基于受到刺激的细胞类型做出反应。为什么这些古怪的生物行事方式如此不同？这确实是一个谜团，但我们至少知道，对螳螂虾而言，速度是关键，它们的视觉系统使它们能够以闪电般的速度对有限种类的颜色进行编码，这样，它们能够在瞬间对猎物、配偶和威胁做出反应。

螳螂虾的视觉系统和它们的生活环境相适配。在清澈的海域中，那些离水

面较远的螳螂虾的体色往往更蓝，它们的视觉系统对蓝光也更敏感，而那些离水面较近的螳螂虾能看到更多的颜色。即使是同一物种，生活在更深处的个体也会调整它们对颜色的感知力，这样它们就能更好地看到蓝色。螳螂虾的幼体能够探测到较广光谱范围的光，但那些生活在更深处的螳螂虾眼睛中的细胞会变得对蓝光更敏感。螳螂虾的视觉系统调节方式可以帮助它们更高效地看到生活场所中的各种颜色。

螳螂虾还有另外一项令人惊叹的绝技。它们能看到并利用偏振光，包括圆偏振光。一般情况下，光波在传播时会在某个方向上振动，比如上下或左右振动，从而产生一定的偏振角度。许多动物能够识别不同的角度和特定方向的光线量。蜻蜓、鱼类等许多动物都能分辨这种偏振光的特征，比如主要的角度，

本页及左页图　偏振相机揭示了雄性雀尾螳螂虾宽大的触角鳞片是如何反射偏振光的，它们这样做的目的可能是吸引雌性或保卫洞穴。

以及特定偏振光的比例。然而，在某些情况下，光波的传播呈螺旋状，按顺时针或逆时针方向旋转。螳螂虾可以探测到这一点，并将这种圆偏振光与其他类型的偏振光区分开来，而且据我们所知，它们是唯一能做到这一点的动物。能看到圆偏振光的一个好处就是，使用偏振图案可以提高视觉信号在水中的可见度。为了能够看到不同类型的偏振光，动物的眼睛中必须有能够区分不同偏振角度的细胞，这样动物才能对它们进行比较。螳螂虾就有这样的细胞，而且它们还有另一项技能助其有效地分辨偏振光。

任何看过螳螂虾的人都会注意到它转动眼睛时的高度灵活性。两只眼睛能独立转动，可以分别从不同的角度或方向观察外界。这样做的好处之一就是能够利用不同的细胞，最大限度地检测任何偏振光和捕捉视觉信号。这更像是拥有一个可以随时间变化、以最佳方式检测环境中存在的偏振光的动态系统。螳螂虾在转动自己的眼睛时能够更好地观察周围的偏振图案。

对螳螂虾而言，能够识别偏振光——尤其是圆偏振光的一个重要好处是可以与潜在的配偶和对手交流。螳螂虾身体的某些部位，如尾巴、触角和桨状触角鳞片，可以呈现出特殊的图案，只有具有对圆偏振光敏感的视觉系统的生物才能看到这些图案。雄性的图案和雌性的可能有所不同。这种图案是所有其他动物都看不见的，常被用来威慑蠢蠢欲动的螳螂虾邻居，它向竞争对手表明这里的洞穴已经被占据。螳螂虾很少离开安全的洞穴，但有时为了寻找配偶或食物，它们必须去外面搜寻。这经常会带来冲突，尤其是雄性竞争者之间的冲突。这时，螳螂虾可以通过利用身上的图案避免一些冲突。

有些螳螂虾还有另一个奇特的特征，使得它们的交流方式更加多样化：它们的身体会发出荧光。在这种情况下，螳螂虾的身体会吸收波长相对较短的光（如紫外线或蓝光），发出波长较长的光（如黄光）。实际上，荧光在自然界中很常见，热带珊瑚礁中的许多生物都能发出荧光，例如珊瑚和鱼类。在许多情况下，荧光可能根本没有任何功能，只是身体中某些反应的副产品。在烈日照耀下，充足的阳光可能会让荧光很难被观察到。然而，在相对昏暗且富含紫外线和蓝光的环境中，荧光可能会让某些视觉信号更加显眼。这样的环境正是螳螂虾生活的地方，它们身上的荧光效果随着栖息深度的增加而增强。当螳螂虾面对竞争对手或潜在的捕食者时，它们会摆出一种威胁姿态，竖起身体，展示附肢。在这个过程中，它们可能会发出荧光。

对于这些奇特而全副武装的动物而言，打架可能会带来致命危险。因此，它们会借助隐秘的偏振光和荧光来震慑竞争对手，所有这些都能被它们极为灵敏的视觉系统检测到。

***

获得食物、潜在配偶和拥有领地对许多动物而言都是非常重要的。但只是获得这些重要资源还不够，因为胜者必须尽可能长时间地维持优势。自然界中争斗的代价是高昂的，无论是对胜者还是败者来说都是如此。胜者可能击败了这一次的对手，但是，如果它身体变弱或遭受了严重的伤害，就无法再抵御下一个威胁，并可能会在下一场争斗中受伤甚至殒命。虽然许多动物（尤其是雄性动物）都有武器和攻击性，但通过简单的力量展示来赢得胜利要好得多。色彩在这方面发挥了极大的作用，因为色彩能够反映生物的力量和活力。许多生物还可以根据当前的地位或等级以及环境调整自己的体色。在现实中，只有当双方势均力敌时，身体冲突才会升级。当然，自然界中许多动物拥有光鲜艳丽体表的背后还有其他重要原因，其中之一是为了震慑捕食者，而非竞争对手。

第四章

警示信号

臭名昭著的雌性黑寡妇蜘蛛极具辨识度，它们的身体呈黑色，腹部有一块标志性的红色沙漏形斑块，终日挂在自己的小网上静待猎物上门。然而，尽管它们身怀剧毒、声名狼藉，但这种蜘蛛很少主动伤害人类，它们咬人往往是为了自保。在鸟类和其他小型脊椎动物等捕食者的眼中，红色和黑色可能形成了强烈的对比，让其不至于把黑寡妇蜘蛛当成唾手可得的美餐。

黑寡妇蜘蛛的红色斑块其实是一个警示信号："不要试图攻击我，否则倒霉的会是你。"这种蜘蛛的体色很有指向性，它经常倒挂在网上，因此红色的斑块朝上，专门针对来自上方的威胁。同时，这种红色的斑块又不太大，大多数色觉不佳的昆虫通常很难看到它，仍会跌跌撞撞地扑进蜘蛛网中，成为蜘蛛的美食。

当观察结果看似与提出的假说不符时，达尔文有时会陷入一阵慌乱。他在完善性选择理论时就陷入了这种困境。当时，他正在研究自然界中的生物如何利用艳丽的体色来进行求偶炫耀，他提出，艳丽的体色通常是雄性用来吸引雌性的，但他遇到了一个问题：自然界中有许多动物在还没有准备好交配和繁殖的时候，就已经具有了艳丽的体色。举例来说，蝴蝶和飞蛾的毛虫要变为成虫后才会繁殖，那为什么许多种毛虫都有着鲜亮的体色呢？为了找到答案，达尔

上图 雌性黑寡妇蜘蛛腹部的红色是警戒色。

文求助于博物学家、探险家阿尔弗雷德·拉塞尔·华莱士（华莱士独立提出了与达尔文的自然选择理论非常相似的进化理论）。对此，华莱士的答案是：许多动物的艳丽体色都是为了向潜在的捕食者表明自己是“恶心的食物”。它们的体色暗示着它们具有毒性、长有危险的体刺、可以分泌毒液或拥有其他类似的防御武器，它们一旦发起攻击，就可能对捕食者造成严重伤害，因此，捕食者应该把目光投向别处。达尔文发现这个答案非常巧妙。从那以后，科学家们就一直在研究警戒色的作用机制。

在当今世界，我们往往将红色和黄色等颜色与危险事物联系起来，甚至已广泛地将它们应用于提醒和警告，包括路标和应急车辆的标记等。其实，这种使用显眼的颜色来示警的方式，早在人类社会发展起来之前就存在于自然界的生存法则中。我们对红色和黄色的高度敏感，可能是因为人类的视觉系统非常善于检测这些颜色，也可能是因为我们对这种视觉信号存在潜在警觉性，而这又根植于人类进化史。世界各地的生物都可能会使用对比鲜明的图案来引起其他生物的注意。然而，警戒色的作用不仅仅局限于突出自身，因为自然界中不同生物采取的具体策略各不相同，这也反映了它们所面临的选择压力的多样性，有的生物只是为了表示自身的毒性有多大，有的则是为了发挥双重功能——在表明自己有毒的同时还要吸引配偶或进行伪装。

***

许多温带地区的蛙类体表往往有着绿色和棕色等保护色，而在热带地区，蛙类的体色可能非常鲜艳，其中最典型的是箭毒蛙。顾名思义，箭毒蛙有毒，南美洲的原住民部落经常将它们的剧毒分泌物涂在矛尖上用来捕猎，这种分泌物是箭毒蛙通过皮肤产生的。

箭毒蛙往往体型很小，体长通常只有几厘米，这般大小的蛙类在各种捕食者眼中往往都是美味食物，包括蛇、蜥蜴、鸟类甚至蜘蛛等。但正如华莱士指出的那样，箭毒蛙的鲜艳体色会向那些冒冒失失想要攻击它们的潜在捕食者释放一种强有力的警示信号。以鸟类为例，它们对颜色有极好的感知能力，通常视红色、橙色、黄色和黑色为危险信号。它们如果接触了箭毒蛙的毒素并有幸存活下来，就会将这段惨痛遭遇告知同类，将箭毒蛙的体色和体表图案牢记在心，避免将来再次受害。箭毒蛙的防御能力来自它们的食物——它们通常以螨虫、蚂蚁、甲虫和千足虫为食，并利用这些食材体内的化学物质在自己的皮肤腺中合成一种毒素。当遇到危险时，它们会迅速分泌该毒素。

众所周知，许多箭毒蛙的体色是丰富多样的，不仅不同物种的颜色千差万别，同一物种不同个体之间的颜色也五花八门，这在某种程度上表明它们是多么危险。在中美洲和南美洲的热带雨林中，生活着体长约为 2 厘米、色彩缤纷的草莓箭毒蛙。该物种足有约 30 种不同的颜色类型，包括黄绿色、黑色以及明亮的火红色等。在巴拿马西北海岸附近的博卡斯－德尔托罗群岛，科学家对它们进行了仔细研究。在那里，每个岛上的草莓箭毒蛙均具有独特的体色。几千年来，海平面的变化导致岛屿与大陆分离。在此之前，这些草莓箭毒蛙的体色可能都差不多，但随着时间的推移，不同岛屿上的草莓箭毒蛙出现了外表上的差异，其中有一些毒性变得更强。更危险的草莓箭毒蛙往往体色也更鲜艳。这些岛屿上有着毒性很强的草莓箭毒蛙，它们是活生生的例子。索拉尔特岛上的草莓箭毒蛙呈亮橙色，其毒性是邻近的科隆岛上黄绿色草莓箭毒蛙的 40 倍。它们五花八门的体色不只是为了警告捕食者。不同岛屿上的草莓箭毒蛙对不同颜色类型的潜在配偶产生了偏好，这进一步导致草莓箭毒蛙的颜色差异越来越大。体色更显眼的个体有时可能更具统治力，因此更容易受到雌性的青睐。

雌性箭毒蛙属于细心的母亲，它们通常将孩子放在凤梨科植物叶片上的小水池中。每个小水池中只有一只蝌蚪，它就在这里逐渐长大，但在这样一个环

右页图　箭毒蛙有着鲜艳的体色，以警告潜在的捕食者它们是有毒的。这 3 只箭毒蛙均为草莓箭毒蛙，但它们各自生活在不同的岛屿上，直接导致它们进化出了不同的体色。

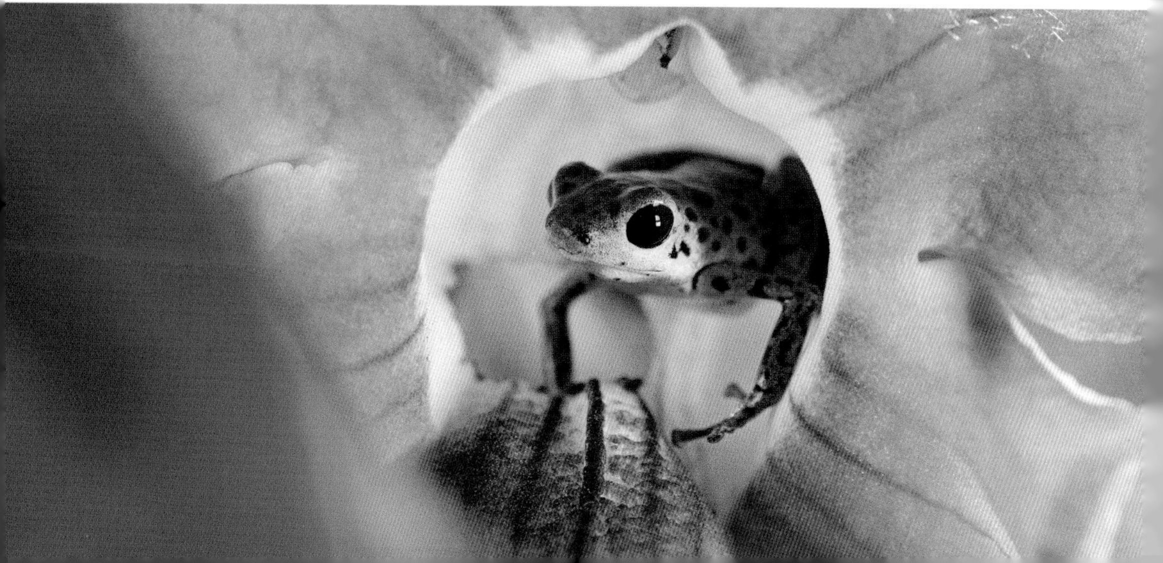

境中，食物相对较少。一些蚊子幼虫和其他微小生物不足以维持贪吃蝌蚪的日常所需。令人吃惊的是，雌性箭毒蛙会定期回到每一只正在发育的蝌蚪身边，并在每个小水池里产下未受精卵供其食用。蝌蚪能够通过气味、外观和植物的振动准确将母亲与潜在捕食者区分开来。当种种迹象表明造访的是其母亲而不是蜘蛛或蜥蜴等捕食者时，它就会游到水面上来求食。蝌蚪吃下母亲的未受精卵有双重好处：一方面是满足其营养所需，另一方面是卵中含有毒素，生长中的蝌蚪会将毒素纳为己用。当小箭毒蛙进入外面的世界独立生活时，它们已经受到了很好的保护，其体色已经展示出了这一点。

当你在旅游指南上看到箭毒蛙花哨的体色时，你很难相信其实它们并不像我们想象的那样一直都很惹眼。许多箭毒蛙的体表有着精致的图案，例如黑色的条纹和斑点，当我们站在森林里，从远处看向它们时，其体表明亮的颜色和

上图　箭毒蛙周围有着种类繁多的潜在捕食者，一只生活在巴拿马的草莓箭毒蛙正在躲避螃蟹的侵袭。

深色的斑纹混合在一起，与环境巧妙融合，有些斑纹还能帮助它们在暗处藏身；然而，在近距离观察时，箭毒蛙却非常惹眼——它们使用何种防御手段取决于捕食者站得多远或飞得多高。当然，体色艳丽也存在种种风险，因为这可能会招来无知或无畏的敌人，给箭毒蛙带来生命危险。如果可以的话，它们平时最好使用不太醒目的体色，在捕食者靠近时再换上鲜亮体色，做好防御准备。

***

在自然界中，食物是一种常见的防御性毒素来源，这方面就有一些不寻常的例子。很久之前，世界各地的原住民就都注意到，有很多种鸟最好不要碰，因为它们不太适合作为食材。多年来，博物学家一直在思考，有些鸟不好吃，除了因为味道不好之外，是否还因为它们体内含有有毒的化学物质。关于很

上图 凤梨科植物的叶片围聚而成的雨水池是草莓箭毒蛙养育后代的理想家园。它们能够准确记得每一个小水池的位置，并会回来喂养自己的后代。

早之前的科学家和探险家通过品尝鸟类来确定这一说法是否正确的故事比比皆是。英国著名动物学家和探险家休・B. 科特注意到，有些鸟似乎会让捕食者避而远之。20 世纪 40 年代，他把各种鸟给胡蜂、猫和人吃，以测试它们的“适口性”。科特认为，有些鸟味道欠佳，也许这一点从它们的体色就可以分辨出来。许多脊椎动物都有强大的化学防御能力，比如蛇等爬行动物、鱼类、蛙类和以鸭嘴兽为代表的古怪哺乳动物，但鸟类似乎不在此列。

1989 年，一切都变了。在探索新几内亚岛的鸟类区系时，鸟类学家用网捕到了一些林鵙鹟。这些鸟在外观上引人注目，体表通常覆盖着棕红色和黑色的羽毛。在处理这些动物的过程中，他们触摸了鸟的嘴部，随后就迎来一阵麻木感和灼烧感，还一直想打喷嚏。碰巧的是，当地人非常清楚这些鸟不好吃，并把它们称为“垃圾鸟”，说这些鸟只有剥了皮并以某种方式处理后才可以吃。

截至 1992 年，3 种林鵙鹟已被证明体内含有一种名为箭毒蛙毒素的强效化学物质，与在南美洲的箭毒蛙身上发现的神经毒素相同。不久之后，这种箭毒蛙毒素在更多的物种中被发现。林鵙鹟毒性最强的部位基本是皮肤和羽毛，科学家研究过的 6 种林鵙鹟都或多或少地具有毒性，其体内毒素很可能来自食物。林鵙鹟属于杂食动物，它们在大部分时间内都采食水果，有时也吃无脊椎动物。实验发现，某种花金龟体内的毒素和林鵙鹟含有的毒素相同，而在林鵙鹟的胃里就曾发现过这种花金龟。它们可能是臭名昭著的箭毒蛙毒素的部分来源（箭毒蛙也从蚂蚁和螨虫那里获得毒素）。林鵙鹟的身体通常会散发出强烈的“酸味”，这和鲜亮的羽毛一样，都是警告捕食者的重要信号。

在低地森林中被发现的冠林鵙鹟是防御能力最强的一种林鵙鹟，它们一小片皮肤中的毒素就足以杀死体型较小的动物。冠林鵙鹟的观赏价值很高，其头、尾和翅膀均为黑色，身体的其余部分是漂亮的棕红色。对于林鵙鹟而言，其化学防御能力因生活区域和种群的不同而有所不同，这或许与饮食的区域性特征密切相关。这些鸟经常成群参与繁殖，甚至形成混合种群。群居生活可以帮助它们使体色变得更为显著。

目前尚不清楚林鵙鹟为何是含有毒素的少数鸟之一，不过它们的体色策略与其他许多动物相似，尤其是某些蝴蝶、青蛙和瓢虫等。有时，不同种类的林鵙鹟拥有相似的外观，这种相似性能帮它们更有效地警告捕食者。与其他带有警戒色的动物一样，体色和体表图案多样性的减少意味着捕食者必须熟记的警示信号变少，因此也记得更快，这意味着不会有那么多鸟以生命为代价来强化捕食者对警戒色的印象。同样，毒性较弱的林鵙鹟的体色似乎比毒性较强的更暗淡。冠林鵙鹟的毒性特别强，而且同一活动范围内的个体外观基本一致，此外，自然界中还有一种杂色林鵙鹟，其体色涵盖了绿色、棕红色、黑色和橙色，具体的体色类型取决于它们栖息地的具体位置。在这两个物种的生活区域重叠的地方，两种林鵙鹟的体貌相似度较高，这表明它们能通过相同的警示信号来警示潜在捕食者，并都能因此受益。

人们普遍认为,林鵙鹟进化出化学防御系统主要是为了防止捕食者的侵袭。然而，在新几内亚岛的热带雨林深处，要证明这一点并不容易，特别是在捕食者已经学会了躲避林鵙鹟的情况下，捕食者主动攻击的现象较为罕见。林鵙鹟最有可能受到蛇和猛禽的威胁，林鵙鹟成鸟的应对法宝是毒素，也有观点认为它们会将羽毛上的毒素擦到卵壳上，借此保护它们未孵化的后代免受哺乳动物捕食者的侵害。科学家的观察结果进一步验证了林鵙鹟的羽毛和毒素可作为警示信号：许多与林鵙鹟无亲缘关系且本身无毒的鸟也进化出了与毒性最强的林鵙鹟同样的外观特征，以保护自己免受侵害。林鵙鹟体内的强效化学物质也可能在消除虱子、蜱虫等寄生虫方面发挥着作用——与栖息地的其他鸟类相比，林鵙鹟的寄生虫感染水平最低，这表明毒素为它们提供了一些保护。

在发现林鵙鹟的化学防御机制后不久，科学家们在新几内亚岛发现了另一

种叫作蓝顶鹛鸫的鸟，它们也会把毒素沉积到皮肤和羽毛中。这种鸟属于新几内亚岛特有的古老物种，与林鵙鹟没有密切的亲缘关系，它们只以昆虫为食，有时会吃剧毒的甲虫。蓝顶鹛鸫和林鵙鹟存在显著差异。蓝顶鹛鸫常见于高山森林中，两者的活动范围几乎没有重叠。它们在外观上的差别也很大，蓝顶鹛鸫的体表主要呈暗棕色和黑色，头顶是黑色的，黑色羽毛周围是一圈蓝色羽毛。蓝顶鹛鸫的体色不算是典型的警戒色，但其蓝色羽毛在富含蓝光和紫外线的环境中会格外醒目，也许可以释放警示信号。除此之外，新几内亚岛的有些鵙鹟也被证明含有毒素。除了这个生物多样性热点地区之外，其他地区也存在有毒鸟类，其中包括生活在墨西哥的红头虫莺（它被阿兹特克人视为不可食用的鸟），以及生活在撒哈拉沙漠以南的非洲地区的距翅雁（它的毒素来自有毒的斑蝥）。另外，还有几十种鸟以这样或那样的方式告诉外界自己不可食用，但它们并不一定真正属于有毒或有害的种类。至于这些鸟是否存在特化现象，或者是否有其他鸟类含有剧毒，只有时间才能检验。

***

瓢虫因种类差异在外观和毒性上呈现多样化特征，其中一些也会通过鲜艳的体色表明自己有毒。有时我们可能会想当然地认为所有的瓢虫都是红底黑点的，比如我们所熟悉的七星瓢虫，但并不是所有的瓢虫都长这样。世界上的瓢虫超过 3 500 种，它们的生活范围很广，包括南美洲的森林和非洲的大草原。仅在英国就有 46 种常见瓢虫，其中超过一半的瓢虫拥有明亮的体色或图案。许多瓢虫都和七星瓢虫长得不一样，例如，十六斑黄菌瓢虫身上点缀着白色斑点，以衬托其鲜亮的橙色身体，而四星瓢虫则呈黑色，背上有 4 个红色斑点。许多物种也有不同的颜色类型，例如二星瓢虫，它们可能是红底黑点，也可能是黑底红点。瓢虫一旦落入捕食者口中，除了释放出毒素之外，还会通过“反

左页图 绝大部分鸟是无毒的，但生活在墨西哥的红头虫莺（上）和巴布亚新几内亚的冠林鵙鹟（下）是例外。

射性出血”释放出一种难闻且令捕食者难以下咽的物质，任何粗暴对待瓢虫的捕食者都尝到了这一滋味。在理想情况下，捕食者还没来得及下嘴就会被瓢虫的外观特征所吓跑。

在某些种类的瓢虫中，例如七星瓢虫，那些颜色更亮或更红的个体通常毒性更强。和箭毒蛙一样，瓢虫体内的毒素也来自它们的食物。此外，它们的体色也是源于食物。它们一般从食物中获取类胡萝卜素，这类色素能帮助它们维持健康，也能帮助它们呈现出红色和橙色。除了类胡萝卜素，它们还从食物中获得构成毒素的关键化学物质——生物碱。瓢虫如果以富含毒素的蚜虫为食，那么大量毒素便在它们的身体中聚集，体表会呈鲜红色。不同物种之间的情况类似，虽然不同瓢虫使用的毒素类型可能有所不同。有些瓢虫的体色相对较暗，毒性不是特别强，例如落叶松瓢虫；而另一些瓢虫体色鲜艳，毒性较强，例如

上图　在欧洲，异色瓢虫属于一种外来入侵物种，它们自身拥有较好的保护机制以免受捕食者的伤害，它们以不同的颜色类型警告捕食者自身带有毒素。它们还会取食本地瓢虫的卵。

二星瓢虫和十六斑黄菌瓢虫。捕食者（尤其是鸟类）深谙这一点，它们会避免食用体色鲜艳且危险的甲虫。相较于落叶松瓢虫，它们在攻击二星瓢虫时更为谨慎。

值得注意的是，就连瓢虫的卵也同样具有防御性。雌性瓢虫在产卵时会将化学防御物质和类胡萝卜素注入卵中，使卵呈现出鲜亮的颜色。对那些喜欢“清淡”饮食的动物而言，这显然是一个明确的警告。不幸的是，对于一些瓢虫而言，事情并非如此简单，因为一些捕食者以及自己的同类有时也会吃瓢虫卵。众所周知，二星瓢虫的幼虫会吃掉自己同类的卵，这样做可以获取一些毒素。卵中的毒素在一定程度上可以阻止其他捕食性瓢虫取食，例如异色瓢虫，因为毒素会阻碍异色瓢虫幼虫的生长。因此，雌性二星瓢虫在卵中加入的毒素量必须恰到好处，既要防御捕食者和其他种类的瓢虫，又要不至于吸引同类瓢虫的幼虫大开“吃”戒。

***

让卵变得难吃是许多动物的防御策略，其中就包括阿根廷湿地中的一种水生生物。人们在伸出水面的植物上可以发现成百上千的亮粉色小球，它们在绿色背景的映衬下显得相当惹眼。这些小球是福寿螺的卵。这种明亮的颜色源于类胡萝卜素，可以告诉潜在的捕食者食用福寿螺的卵是不明智的。通常情况下，许多动物的卵是一种容易获得且营养丰富的食物，但也有很多动物像瓢虫一样制定了保护后代的策略。福寿螺给这些卵注入了一种强效毒药，会对食用卵的生物造成严重的神经伤害，例如损害哺乳动物的中枢神经系统。此外，它们的卵还含有一种强效的酶抑制剂，即使某些生物愚蠢到吃掉这些卵，也无法将它们消化。所以对于捕食者而言，可谓“偷鸡不成蚀把米”：捕食者企图从卵中获得营养，但却摄入了不少毒素。据说只有一种动物能吃福寿螺的卵，那就是臭名昭著、攻击性强、侵略性强且适应性强的红火蚁。

不幸的是，如今福寿螺已经蔓延到了原产地以外的许多地区，遍及北美、东南亚。蔓延的部分原因是水族馆贸易，人们买来福寿螺之后又把它们从水箱中放生到了野外。福寿螺会与本地物种竞争，并会危害当地的水生植物甚至稻田环境。由于它们具有较强的防御机制，很少有本地动物能阻止福寿螺的蔓延，它们现在被视为世界上最严重的入侵物种之一。

***

右页图 很少有动物可以吞食福寿螺的亮粉色卵，这些卵经常一团一团地出现在南美洲的湿地中。

并非所有动物都仅从食物中获得防御能力。在英国沿海地区的明媚夏日，色彩斑斓的飞蛾会在蓟花上翩翩起舞。六斑地榆蛾挥舞闪耀着金属光泽的蓝黑色翅膀，鲜红的斑点在阳光下闪闪发光。它们是英国最美丽的飞蛾之一，大白天就开始肆无忌惮地四处活动。它们之所以能这么做是因为很少有动物以它们为食。虽然鸟类可能会把飞蛾视为美味的食物，但大多数捕食者都会很明智地避开六斑地榆蛾，因为它们知道六斑地榆蛾体内有强大的毒素，这种毒素含有大名鼎鼎的有毒物质——氰化物。

六斑地榆蛾幼虫通常从食物中摄取含氰化物的毒素，这些黄黑色相间的毛虫以百脉根为食。不过，六斑地榆蛾幼虫即使在不进食这种植物的情况下也可以自己生成毒素，这在昆虫中很少见。拥有两种毒素生成手段意味着，不管食物质量如何，幼虫和成虫都能得到很好的防御能力。但是，采食一些营养不够充足的植物只能使幼虫获得基本的保护，而直接在体内合成毒素是需要付出代价的，因为那些幼虫必须为此消耗更多的能量，并且很难在此过程中存活下来。

***

背后的科学

不难发现，自然界中有很多陆生动物带有警戒色。从箭毒蛙的皮肤到瓢虫的翅膀，红色、黄色和黑色等颜色出现的频率超过了蓝色、棕色、绿色和紫色。这背后有多种原因。

森林、草原等多种栖息地中的植物多为绿色，而地面则是灰

左页图　同一种动物在不同的生命阶段可能会使用不同的体色作为警示信号，例如英国的六斑地榆蛾的幼虫和成虫。

色或棕色。警示信号的主要目的之一就是突出自身并让捕食者注意到，而红色、黄色和橙色都能与背景形成鲜明对比，让动物更加惹眼。这意味着捕食者在较远的地方就能察觉到猎物受毒素保护，这样，捕食者甚至可能在靠近之前就放弃攻击。黑色与黄色或红色的组合让动物体表的图案更加显眼，还会与环境形成鲜明对比。不过，也有一些警告图案并没有那样显眼，因为一些动物并不想一开始就被发现，此时，更柔和的颜色可能更可取。在海洋中，警示信号存在的时间可能最长，不过这里的情况略有不同。海洋中的复杂环境本身往往就是惹眼的，尤其是珊瑚礁，因为里面有大量的黄色和红色珊瑚。因此，许多海洋动物的警戒色在颜色上似乎更加多样化。

警戒色中经常出现特定颜色的另一个原因是这些颜色随着时间的推移往往被证实非常可靠。尽管白天的光影不断变化，森林中的光柱来回移动，红色和黄色等颜色通常仍会保持一定的显色度。这一点很重要，因为这意味着捕食者即使在光照条件改变和天气变化的情况下也能够准确识别这些警示信号。与其他颜色相比，捕食者似乎更擅长识别和记住那些在警示信号中常出现的典型颜色。对于许多陆生动物而言，它们对黄色的记忆比蓝色要更深刻一些。包括鸟类在内的某些捕食者对黄色和黑色较为警觉，即使它们以前从未见过这些颜色。此外，许多警示信号都是由相对简单的图案组成的，比如胡蜂腹部的黑色和黄色条纹，这种图案使它们从五颜六色的花丛中脱颖而出，很容易被其他动物注意到。

许多哺乳动物喜欢以各种草为食，包括杂草，但如果它们生活在欧洲的话就应该避免一种草——欧洲千里光。欧洲千里光可以生长在贫瘠土地上，含有毒素，易吸引以红棒球灯蛾幼虫为代表的昆虫（红棒球灯蛾幼虫的毒素就来自欧洲千里光）。红棒球灯蛾幼虫身上有典型的警示信号——黄色和黑色条纹，它们展示了动物的体色是如何发挥不同作用的。

红棒球灯蛾幼虫并不是天生就有毒，它们必须从所吃的植物中获取，并在进食和生长过程中不断强化这种防御能力。和许多自带警示信号的生物一样，它们喜欢聚在一起，尤其是在幼虫时期，它们经常群居在同一种植物上。从红棒球灯蛾幼虫到臭虫，这些防御性强的猎物的群居习性广泛存在于带有警示信号的物种中。与独自生活相比，群居生活有助于更好地向捕食者传达警示信号，降低被捕食的概率。

红棒球灯蛾幼虫和箭毒蛙有一个相同的特点，那就是它们不仅体色鲜明，而且还能融入环境。从远处看，红棒球灯蛾幼虫的黄色和黑色条纹与背景融为一体。包括人类在内的所有动物分辨外物的能力都是有限的，这种能力就是视觉敏锐度。有些动物比其他动物具有更高的视觉敏锐度，例如老鹰可以在高空中发现兔子，而苍蝇连近处的图案也难以分辨。对于所有具有观察能力的生物而言，如果它们离某物足够远就无法准确解析图案，如果目标物太小也可能无法解析。这就像我们在眼镜店里看视力表里的小字母时所遇到的困难一样，如果我们后退几步，距离拉大，会发现更难识别。红棒球灯蛾幼虫身上的条纹让它们可以躲过远处的捕食者的搜寻，因为其黄色条纹和黄色的花朵融合在一起，如果从远处看幼虫，它们就像是植物的一部分，所以不易被发现。然而，当近距离观察它们时，警告信号就会显示得清清楚楚。事实上，随着幼虫的生长发育，它们的条纹会变得越来越宽，从更远的地方也很容易看到，而它们的毒性也会变得越来越强。至于成虫，它们以欧洲千里光的花蜜为食来加强自身防御能力，它们的警示信号是翅膀上令人印象深刻的红色和黑色图案，而非黄色条纹。

群居生活可以帮助红棒球灯蛾幼虫更有效地向捕食者传递警示信号，它们不是唯一使用这种方法的生物，许多其他昆虫也会使用这种防御策略。在美国亚利桑那州的沙漠地带，牧豆树非常适应炎热和干燥的环境，能够从地下深处提取水分，它们通常带刺，可以阻止一部分食草动物侵袭。有一种缘蝽就以它们为食，这些昆虫的成虫长数厘米，它们在若虫期群聚在一起，从植物的荚果中吸食富含糖分的液体。这些若虫体表呈深红色，上面有着白色斑点和黑色条纹。若虫体型较小，它们能够分泌一种液体，不仅味道不好，而且气味难闻，这种化学物质专门针对主要的威胁者——其他昆虫。此外，多只若虫聚集在一起，带来强烈的视觉冲击，非常适合威慑体型更大的捕食者。群聚营造的震慑效果是抵御各种外来威胁的有效方式，其化学物质还可以作为警报信号，在个体受到攻击时提醒群体一起释放这种物质以驱赶外敌。到了夏天，这些若虫渐

上图 伪装或引人注目？红棒球灯蛾幼虫的条纹既可以融入环境，也可以从环境中突显出来，这取决于观察者的距离远近。

渐发育成熟，它们的体色会变得更暗淡，但身体结构更为坚固，外骨骼更加厚实，可以有效抵御鸟类或蜥蜴的攻击。成虫还会产生不同种类的化学物质，这些分泌物极易引起捕食者不适，且最能有效地防御脊椎动物，另外，体格较大的成虫也足以抵御其他昆虫的骚扰。

警戒色发挥作用的前提是名副其实，且捕食者和猎物均能从中受益。猎物保住了自己的生命，而捕食者则避免了一顿恶心的大餐，甚至避免了丧命的危险。对于一些动物而言，艳丽的体色通常被用来争取时间，让捕食者停下来，从而给潜在的受害者充足的时间逃跑——这是一种叫作威慑展示的防御手段。裳夜蛾十分擅长使用这种手段。裳夜蛾是一类喜欢在夜间活动的昆虫，它们对捕食者来说是既安全又美味的食物。裳夜蛾有着颜色暗淡的前翅，白天躲藏在树木和其他植物中，巧妙地将自己藏起来。它们的前翅掩盖着鲜亮的后翅，后翅有着红色、橙色、黄色、蓝色、黑色等多种颜色类型。具体的颜色和图案因物种而异，但其功能都是为了让食肉鸟类或蜥蜴等动物暂停攻击。

当面临威胁时，裳夜蛾会移动前翅，露出明亮的后翅。如果一切按照裳夜蛾的原计划发展，捕食者在目睹这样的变化之后就会暂停甚至放弃攻击，让它们有时间飞离此处，躲藏在其他地方。问题是，为什么裳夜蛾的后翅会有这么多不同的颜色类型？原来，无论是哪种威慑展示，捕食者如果看到它的次数足够多，就会开始忽视它。如果红色翅膀出现之后没有发生令人不快的事情，鸟儿可能就会开始忽视它，直接吃掉裳夜蛾。然而，如果这只鸟每次看到的都是一种新颜色——首先是蓝色，然后是红色，接着是黄色，等等，那么它就总会处于警戒状态，永远不知道接下来会发生什么。捕食者对某种颜色司空见惯的概率变小，对它们而言，不断出现的新事物总是伴随着潜在风险。因此，每种颜色类型的裳夜蛾都会从中受益，因为从大范围来看，它们自己的体色只是多种颜色类型中的一种。

第 162~163 页图 许多带有警示信号的昆虫聚集在一起是为了增强它们的震慑效果，就像图中这些生活在美国的缘蝽一样。

其他飞蛾也会进行威慑展示，但应用方法稍有不同。豹灯蛾是一种非常惹眼的昆虫，它们前翅上深色和奶油色的图案就像斑马的斑纹，后翅则是亮橙色的，上面分布着黑色斑点。它们在白天很活跃，受惊时会快速寻找掩护。飞行中的豹灯蛾看起来是一片模糊的橙色和黑色，容易引起捕食者的注意。当豹灯蛾发现一只鸟时，它会钻入树丛，而这只饥饿的鸟会去寻找一闪而过的橙色生物，而不是不起眼的黑白色生物，因而这只飞蛾很容易被忽视。这称为“闪光显示”，这种现象在蝗虫等小动物中很常见。一些蝗虫的腿和翅膀颜色鲜艳，当它们跳跃和飞行时，捕食者会被其明亮的黄色或蓝色所吸引，而蝗虫一旦停下来，就会与灰色或棕色的环境完美融合而得以隐藏。捕食者一直在寻找体色鲜亮的猎物，因而错过了已经伪装好的蝗虫。

背后的科学

对于那些非繁殖期就具有艳丽体色的动物，前人已经做出了一些解释，但关于警戒色的某个方面让人有些疑惑——它们最初是如何进化出来的。矛盾之处就在于，如果警戒色需要捕食者了解它们的含义才能真正起作用，那么警戒色最初是如何产生的，又是如何在种群中传播的呢？我们可以想象在地球上的某个历史时刻，当时还没有动物进化出警戒色，但有些动物可能已经开始有了毒素。在那时候，还没有哪一个捕食者会将黄色、黑色、橙色等颜色识别为危险信号。最早进化出警戒色的动物会因为其体色较为显眼而遭到无知捕食者的攻击，可能在这种警戒色有机会在整个种群中传播并开始发挥作用之前，这些动物就被杀死了——不过届时至少有一些

捕食者已经了解警戒色意味着什么。长期以来，科学家们一直对这个问题感到困惑，现在，对这一问题有好几种解释。

首先，许多捕食者并非是我们想象中的那种不计后果的冒险者。相反，许多动物往往会害怕新奇事物，也就是说，它们会避免接触以前从未见过的物体。因此，鲜红色的毛虫最初仅仅因为是新面孔就能避免沦为许多捕食者的食物。同样，捕食者通常在选择食物来源方面也很保守。就像许多人每次在餐厅点菜时都倾向于选择吃过的菜一样，捕食者在这方面也是如此，它们也不太愿意扩展其食物种类。部分原因是，吃新东西可能会带来风险——也许可能会吃到一些变质或味道不好的东西，或者新猎物比最初想象的更难捕捉。这些因素对捕食者如何选择猎物有很大的影响。碰巧的是，动物的许多防御措施，包括有毒物质，不仅会使捕食者生病，而且使得自己又难闻又难吃。这不是巧合——它们是为了让捕食者更早知道吞食自己的各种不良后果，尽早阻止对方总比被吃掉要好。

其次，许多有毒动物也有自己的物理防御措施。以孔雀蛱蝶的幼虫为例，它们浑身都长满了毛或刺，这些毛虫碰上去都不舒服，更不用说吃下去了。除此之外，许多有警戒色的昆虫通常都有较为坚固的外骨骼，这意味着它们即使受到攻击，也有机会存活下来。

最后，许多有着警戒色的动物都过着群居生活。聚集在一起的往往是来自同一种群的动物，因此它们的基因很相似。如果它们中的一两个被捕食者杀死，敌人便会从中得到教训，而其余动物便有足够的机会存活下来，并将这种新的防御措施传播开来。演变出警戒色的过程中充满风险，这种“自杀式”防御措施最初为何会进化出来，其背后的原因颇为复杂。

上图 在希腊的罗得岛上，泽西灯蛾大量聚集。它们只有在需要防御时才会对外露出明亮的后翅。
右页图 自然界中的动物所使用的威慑颜色多种多样。长鼻蜡蝉（上）、豹灯蛾（中）、山螽斯（左下）和蓝斑翅蝗（右下）利用多种颜色进行威慑。

事实上，豹灯蛾不仅仅依靠“闪光显示”和保护色来进行防御，它们体内也积聚了毒素，橙色便是典型的警示信号。这种防御机制不仅适用于豹灯蛾，也适用于许多其他灯蛾。如果捕食者离得太近，许多灯蛾都会使用它们的警示信号。车前灯蛾（属于古北界物种）平时一般不愿意对外暴露鲜红色或橙色的后翅，只有当捕食者进行侵袭时，它们才会露出后翅，分泌出难闻的体液作为防御措施。该物种还有不同的后翅颜色类型，例如黄色后翅和白色后翅。乍一听，这点似乎相当令人费解，因为更多的警戒色意味着捕食者需要学习更多的警示信号，在一定程度上可能会增加车前灯蛾被捕食的风险。此外，有着黄色后翅的个体更不容易受到鸟类的攻击，它们在野外的生存机会更大，那么为什么会存在有着白色后翅的个体呢？就像箭毒蛙的例子一样，颜色往往具有多种功能，事实证明，有着白色后翅的雄性比黄色的更能吸引雌性。这是自然界中的一种权宜之计，个体需要同时考虑生存和求偶需求。

有些动物只在需要时才会释放防御性警示信号，例如山蠡斯，这也许是为了达到最佳的威慑效果。澳大利亚高山地区的山蠡斯具有很好的防御能力，它们主要依靠保护色来避免引起捕食者不必要的注意，尤其是黑背钟鹊等鸟类的关注。当遇到危险时，它们会抬起翅膀，露出其背部令人目眩的红色、蓝色和黑色条纹。这种威慑展示旨在让鸟类捕食者受惊并停止攻击，同时也让那些穷追不舍的动物知道它们并不好吃。奇怪的是，这种昆虫只有在万不得已之时（例如被啄食时）才会暴露其警戒色，关于它们为何等到紧要关头才展示警戒色，还有待研究。

***

大多数人对蛞蝓都提不起兴趣，但生活在海浪之下的海蛞蝓与我们在花园里看到的那些蛞蝓非常不同，它们的身体点缀着大自然中一些最华丽多彩的纹饰。全球海洋中有数千种海蛞蝓，它们的体长从几毫米到 70 多厘米不等。体型最大的瓦卡海蛞蝓的体重超过 10 千克。一些裸鳃类的海蛞蝓体色最为丰富，裸鳃意为“开放的鳃”，因为这些海蛞蝓的背部通常有羽毛状的突起，便于从水中获取氧气。目前已知的海蛞蝓约有 3 000 种，它们在成年后已经摒弃了任何形式的外壳，转而依靠其他防御手段。裸鳃类海蛞蝓是许多潜水者和海滩拾荒者的最爱。它们当然不会侵袭花园里的植物，因为裸鳃类动物基本都属于食肉动物。

海蛞蝓体色斑斓是有原因的：它们拥有大量防御机制，这使得饥饿的鱼类对它们避之不及。至于它们如何建立自己的防御体系以及获得各种防御武器，这些事情仍令人费解。

在澳大利亚昆士兰州海岸线附近的浅水区，珊瑚礁点缀着海床，体色亮眼的鱼在珊瑚周围来回穿梭。对于一条小小的海蛞蝓而言，这是一个复杂的世界。由于来自热带水域的温暖海水和来自温带水域的凉爽海水相混合，这里的生态位丰富多样，有着种类繁多的食物，这里的海蛞蝓种类也相当丰富——事实上，在这个地区已发现的物种就超过 300 种。

海蛞蝓善于进攻，而且专吃大多数其他生物避之不及的东西。许多种海蛞蝓喜欢以小型水螅为食，水螅通常生活在海藻、岩石和海葵上，而海葵通常也带刺。有一种叫作大西洋海神海蛞蝓的裸鳃类海蛞蝓生活在远洋辽阔的表层海水中，它们专门吃喜欢集群的腔肠动物，比如大名鼎鼎的僧帽水母常常是大西洋海神海蛞蝓的攻击目标，它们会用锋利的牙齿进行攻击。这种特殊的海蛞蝓利用气室跟着洋流漂浮在海面上，希望能有幸饱餐一顿。它们不仅可以抵御猎物的反击，而且会将猎物的刺细胞存储到自己的身体中。许多裸鳃类海蛞蝓的背部有着被称为露鳃的突起，它们在这些露鳃中注入来自猎物的、仍然活跃的刺细胞。裸鳃类海蛞蝓不仅美餐了一顿，还得到了有力的武器。就连人类也会被这种海蛞蝓蜇伤。大西洋海神海蛞蝓以令人惊叹的颜色——靛蓝色表明了自己很危险这一点。

背后的科学

奇怪的是，许多能够发出警示信号的动物在外观上也千差万别。从箭毒蛙到灯蛾，就算是同一物种的个体，通常在图案和颜色上也存在差异。这带来了一个问题，想要让警戒色发挥作用，捕食者要么生来就对鲜亮的颜色有警觉性，要么通过负面体验（例如吃过有毒动物之后的不良反应）学会避开带有警戒色的猎物。然而，如果同一种猎物的颜色不止一种，就意味着捕食者必须学会避免多种颜色类型的个体。对于尚未了解哪些颜色类型代表危险的无知捕食者而言，攻击每个个体的风险都更高。

事实上，科学家们仍在试图理解为什么这种现象如此普遍，他们也提出了几种解释。有一种解释较为复杂，指出这与捕食者的行为有关：它们会根据一年中特定时节、栖息范围和食物的丰富程度来调整策略。一些捕食者可能擅长将猎物的体色类型进行种间延伸，比如，它们如果在黄色飞蛾那儿吃了亏，之后在遇到外观相似但颜色为橙色的飞蛾时就会保持警惕。另一种解释则更容易理解：有些动物的体色必须同时发挥多种功能。就像箭毒蛙、红棒球灯蛾幼虫和车前灯蛾一样，它们的体色体现了不同的选择压力。动物最终展示的体色可能是躲避攻击、吸引配偶、调节体温等多种因素共同作用的结果。这些不同的需求可能会导致同一物种之间也存在体色差异。

不少种类的海蛞蝓以海绵之类的生物为食，然后从摄取的食物中合成强大的毒素并存储在体内。裸鳃类海蛞蝓和其他许多种海蛞蝓看似是猎物，其实已成为捕食者。它们的眼睛很小，视力很差，因此通常通过化学传感器搜寻猎物。关于生活在昆士兰州附近的海蛞蝓的外观和毒性的研究表明，更鲜艳、与环境色对比更强烈的物种往往携带着对捕食者伤害更大的防御武器。这再次证明，一些警示信号不仅可以告诉捕食者自己已受保护，而且可以揭示其防御力的强弱。

在英国，海蛞蝓的数量惊人，但它们中的许多种类很少被报道，也很少被看到，除非有人准确知道如何在潮池中或在潜水时找到它们。出现上述问题的部分原因可能在于它们体型太小、不易被发现，或者生活在更深的水域，还有

上图 海蛞蝓拥有自然界中极为华丽的外表，比如这只生活在英国康沃尔郡的黄裙海蛞蝓。

可能是海洋科学家截至目前没有对它们进行太多的研究。生活在英国的这些海蛞蝓在体色和行为上也常常令人印象深刻。最引人注目的物种之一是乳突多蓑海牛，其体长可达 15 厘米，主要以海葵为食，尤其是蛇锁海葵。这些美丽的海葵的主要颜色可能是棕色，也可能是亮眼的荧光绿色，它们的触手尖端是紫色的，拥有强大的防御能力。乳突多蓑海牛会获取海葵的刺细胞，把它们转移到背部的突起中。这种海蛞蝓的体色并不总是灰色——事实上，它们可以变为棕色或玫瑰色，这取决于它们最近吞食的海葵的颜色。另一种与之外观较为相似的海蛞蝓喜食花梗仙影海葵，取食原因也大致相同。英国一些其他种类的海蛞蝓会采取不同的防御措施。黄羽侧鳃海蛞蝓呈黄色半透明团状，一旦受到外物威胁就会分泌硫酸，这与一种体表长着疣状物的裸鳃类海蛞蝓的防御手段如出一辙。多丽四线海蛞蝓是英国最引人注目的物种之一，它们常年以海带和其他海藻表面的苔藓虫为食，同时能将食物中的一部分物质转化为毒素，并以黄色和黑色作为警戒色。还有一些海蛞蝓身体呈明亮的粉紫色，或者具有醒目的橙色斑纹。花园里的蛞蝓可能不惹人喜爱，但海蛞蝓却能让人目不转睛。

***

动物毒素的强度千差万别，在某些情况下，装备一些强效毒素是必要的，因为食肉动物已经进化出了适应较弱毒素的能力。粗皮渍螈是一种原产于北美洲的两栖动物。它的身体背部呈深棕色，看起来体色并不鲜艳，但当受到惊吓时，它会仰起头，卷曲尾巴，露出鲜亮的橙色。和箭毒蛙一样，这种蝾螈也会从皮肤中分泌出一种有毒的防御物质，即致命的河鲀毒素（与在某些河鲀体内发现的毒素相同）。粗皮渍螈容易受到束带蛇的攻击，而这些捕食者进化出了一种能够有效抵抗河鲀毒素的神经系统。因此，如果粗皮渍螈想要达到预期的效果，它必须提高其应战能力并产生更强效的毒素。然而，河鲀毒素的生成成本并不

左页图 生活在爪哇岛附近海域的斑点多彩海蛞蝓（左上）和生活在大西洋的一种裸鳃类海蛞蝓（右上）在警戒色上表现出惊人的多样性。许多裸鳃类海蛞蝓都能从食物中获得强大的防御能力，比如大西洋海神海蛞蝓（下），它能从僧帽水母身上获取刺细胞。

低，粗皮渍螈制造这种毒素必须消耗宝贵的能量，而这些能量本可以用于繁殖或在栖息地周围觅食。

***

并非所有带有警戒色的动物都是有毒的，但确实有很多种动物通过体色来警告对方自己有毒。在这个星球上，没有哪个国家能像澳大利亚那样拥有如此多的潜在致命生物，包括那些生活在澳大利亚沿海水域的生物。澳大利亚的海岸线上生活着一些色彩极为鲜艳的生物，其中许多物种都通过警戒色来展示其危险程度。世界上毒性最强的动物之一要属蓝环章鱼。蓝环章鱼常见于印度洋－太平洋海域，尤其是澳大利亚附近的海域，它们广泛存在于潮池和浅礁区

上图 图中的蓑衣海蛞蝓正在寻找食物，这是英国比较常见的一种海蛞蝓。

的裂隙中。在不受干扰的情况下，这种章鱼看起来和其他章鱼一样，但当情况危急时，它们的体表就会发生巨大变化。

像许多其他的章鱼一样，蓝环章鱼的身体中含有毒素。蓝环章鱼通常在捕食时才会使用毒素，能够将毒液注入其他动物体内。在注入毒液之前，它们会先用嘴咬破猎物的皮肤或外壳，特别是在捕食螃蟹等甲壳类动物和鱼类时。在这个过程中，毒素会使猎物的神经系统瘫痪，这样它们就可以随心所欲地食用被制服的猎物。在一些情况下，它们会将毒液作为一种防御手段。虽然其他章鱼也有这种防御措施，但蓝环章鱼的毒性远超其他任何一种，甚至比人类目前已知的大多数毒物的毒性都强。一只蓝环章鱼的毒液甚至可以杀死几十人，不过它们一般不会主动攻击人类，蓝环章鱼咬人的事件也鲜有听闻。它们的毒液

上图 粗皮渍螈橙色的尾巴和喉部是提醒捕食者在攻击前应该三思的警示信号。

中含有河鲀毒素，主要产生于唾液腺。这种毒素起作用时会阻断神经冲动的传导，杀伤力被认为是氰化物的 1 000 倍。

尽管有化学防御武器在手，蓝环章鱼也面临着被各种珊瑚礁动物视为美食的危险。蓝环章鱼的体长只有几厘米，就算加上触手也只有 15 厘米左右，体重只有 20 多克，它们被许多捕食者视为美味，这种大小的猎物非常适合入口。当受到威胁时，蓝环章鱼原本相对不显眼的体表上会出现一个个非常醒目的蓝色圆环，它们就是因此而得名的。一秒钟内，它们的身体上就有五六十个圆环闪烁不停。同其他章鱼一样，它们皮肤上的特殊色素细胞可以收缩或扩张，迅速改变全身色素的分布，这些均有助于改变其外观。蓝环章鱼的体表之下还有一种特殊的虹彩细胞，它可以反射蓝绿色光和紫外线。它们体内还有另一种细

上图 在印度尼西亚西巴布亚海域，一只有毒的蓝环章鱼身上的蓝环在橙色背景的衬托下显得格外醒目。

胞——白色素细胞，能够反射大量光线，这些细胞更像是一面镜子，可以增加警示信号的亮度。这些虹彩细胞、白色素细胞和控制它们的神经细胞共同合作，使蓝环闪电般迅速出现，其亮度令其他生物眼花缭乱。

有迹象表明，蓝环章鱼可能有十几种，而不仅限于目前描述的几种。不同种类的蓝环章鱼似乎有不同的色环，它们甚至可以通过色环进行交流。无论如何，对于这些海洋动物而言，蓝色是一个不错的选择，因为在沿岸浅海水域，蓝绿色光较为丰富，以鱼类为代表的许多潜在捕食者可以很清楚地看到这部分光谱。关于章鱼为什么需要如此强效的毒液，我们尚不清楚。就像臭名昭著的黑寡妇蜘蛛或黑曼巴蛇一样，许多毒性极强的生物体内毒液的毒性比杀死攻击者或者猎物所需的毒液毒性要强得多。也许极强的毒性能让毒液更快地发挥作用，使对手在给自己造成伤害之前就失去攻击能力。

***

在美国南部与墨西哥北部的沙漠和灌木丛中生活着一种引人注目的蜥蜴——希拉毒蜥，它们不仅有着令人印象深刻的外观，而且还是世界上少数能够产生毒液的蜥蜴之一。它们有着标志性的外观，体表带有明亮的橙色或黄色的条纹、斑点，与深棕色或黑色的部分相映成趣。

长期以来，人们都知道被希拉毒蜥咬一口会中毒。其毒液由唾液腺产生，它们将动物咬伤后会通过牙齿将毒液注入受害者体内。毒液沿着牙齿的小沟流入受害者的伤口，它们通常会深咬几下以使毒液尽快发挥作用。希拉毒蜥的毒液属于一种中等强度的神经毒素，能够使对方产生剧痛。然而，对于人类而言，被希拉毒蜥咬伤几乎不会带来致命危险，而且它们产生的毒液比其他生物（如蛇）少得多。话虽如此，但希拉毒蜥咬住猎物后基本不会在短时间内放开，它们有着锋利的牙齿、强大的咬合力和不轻易放手的“意志”。

希拉毒蜥的行动并不算特别敏捷，事实上，用“昏昏沉沉”一词来形容它们会更恰当一些。它们一生中的大部分时间都躲在裂缝、洞穴中和岩石下，通常只在一天中的清晨和傍晚出没。当它们进入更广阔的世界后，它们经常会四处攀爬寻找鸟蛋吃。它们只有大约 10% 的时间会在外活动，如果在此期间遇到危险，它们的警示信号就能够起作用，这种信号就连粗心的土狼和猛禽都会注意到。蜥蜴行动迟缓的天性可能就是它们需要进化出其他防御手段的原因。

***

下图 自带警示信号有时可以让动物无所顾忌地做自己想做的事，在野外生活的希拉毒蜥便是这方面的典型代表。

自然界中的许多种蛇，包括一些毒性非常强的蛇，往往会依靠伪装来避免被吃掉，但并非所有蛇都是如此，体色丰富多彩的珊瑚蛇就是例外。珊瑚蛇种类繁多且分布广泛，有些珊瑚蛇的毒素会影响呼吸系统正常运行。许多和珊瑚蛇生活在同一区域的无毒蛇也已经进化出了和珊瑚蛇相似的体色，这样它们也能免受捕食者攻击，一些关于其是否具有毒性的顺口溜就此流行开来："红接黄，杀人狂；红接黑，不必畏。""红接黄"或"红接黑"指的是这些蛇身上的环带排列方式，在无毒蛇中，红、黄、黑色环带的排列顺序模仿得并不准确。然而，这种判断方法并不是没有漏洞，因为珊瑚蛇的体色存在着群体间的差异，有些珊瑚蛇甚至没有清晰的环带。

其他很多毒蛇的体色没有珊瑚蛇那样鲜艳，它们主要以标志性的图案表明其防御能力。极北蝰是英国唯一一种毒蛇，就毒性而言，它与最危险的物种相比可谓相去甚远。极北蝰较为温和的毒液主要用于制服小型哺乳动物、蜥蜴和雏鸟等动物，它们喜欢在灌木丛生的荒地及林地捕食，遇到危险时就会潜入灌木丛中。不过，如果我们不幸与它们近距离接触，其毒性和咬合力也会给我们带来强烈的痛苦。

蝰蛇在其活动范围内容易被以猛禽为代表的天敌捕食。大多数蝰蛇体色呈灰棕色，蛇背上有黑色锯齿形图案。在人类眼中，蝰蛇并不是特别显眼，甚至可能和环境融为一体，与红棒球灯蛾幼虫一样远远看去几乎难以发现。科学家们一直推测，这些图案可能是一种伪装。然而，锯齿形图案在毒蛇中很常见，这种图案肯定具有独特之处。同大多数蛇一样，一般情况下，蝰蛇等毒蛇在遇到天敌时宁愿逃跑或躲藏，也不愿被迫自卫，但当它们在外面晒太阳、吸收热量时就会面临被攻击的风险，这时，其体表图案能警告捕食者不要贸然攻击。

西班牙南部的多尼亚纳国家公园以其湿地保护区和丰富的鸟类多样性而闻名。湿地之外的广阔区域为灌木丛、沙丘和松树所覆盖。这里是蛇类的完美栖息地，在开阔的环境中可以看到许多种蛇在晒太阳、静静等待猎物的出现，例如小翘鼻蝰，这种蛇的身体呈灰褐色，体表点缀着美丽的巧克力色和黑色的锯齿形图案。该地区还生活着一些无毒蛇，它们极易成为普通鵟、短趾雕、靴隼雕和黑鸢等猛禽的攻击目标。至于那些体表没有明显锯齿形图案的蛇类，它们的体色一般是保护色，图案或条纹都不是很醒目，这些蛇经常受到鸟类的攻击，而小翘鼻蝰带有警告意味的图案可以有效地让自己免受鸟类骚扰。天敌们已经认识到，其他地方还有风险更小的食物。

虎斑颈槽蛇生活在亚洲部分地区。这是一种颇为引人注目的毒蛇，某些地方的虎斑颈槽蛇有黄色和黑色斑纹，另一些地方的虎斑颈槽蛇有白色和黑色斑

右页图 变得显眼的不同方式——极北蝰（上）体表具有颜色暗淡但独特的锯齿形图案，而生活在厄瓜多尔的苏里南珊瑚蛇（下）则使用显眼的色带警告其他生物。

纹，或者红色和黑色斑纹。它们主要以两栖动物为食，许多猎物都有很好的自我保护机制，例如它们最喜欢吃的青蛙和蟾蜍。蟾蜍分泌的毒液并不能对虎斑颈槽蛇造成伤害，因此这种蛇一向喜欢捕食这些蟾蜍；实际上，虎斑颈槽蛇能将毒液隔离起来并储存在头部后面的特殊腺体中，因此，捕食有毒蟾蜍的这些蛇能分泌毒液且毒性十足。同许多其他蛇类一样，虎斑颈槽蛇经常被食蛇的猛禽攻击，在受到威胁时，它们可以展平身体向鸟类展示其警戒色。至于为什么不同种群的蛇存在颜色差异，以及颜色是否与防御能力存在联系，仍有待研究。然而，值得注意的是，这些蛇似乎对自身是否具有毒性了然于胸。在日本的一些地区，那些以蟾蜍为食的蛇会展示其特有的警示信号，而生活在没有蟾蜍的岛屿上的蛇在面临敌手时则会转身逃跑。

作为防御功能的进一步延伸，雌性虎斑颈槽蛇会将它们体内的一些毒素传递给后代，这样幼蛇从卵中孵化出来时就能获得先天性保护。幼蛇颈部的亮黄色或白色斑纹可能是对试图攻击的动物的示警。

***

某些种类的鱼体内也含毒液。它们的毒液主要用于防御，当遇到攻击者时，它们会通过鳍或刺将毒液注入攻击者体内。这类鱼中最著名的要数斑鳍蓑鲉。它们有着令人惊叹的外观，体表覆盖着棕红色和白色的斑纹，周身的放射状棘刺暗示了它们的毒性。很少有捕食者能够勇敢、轻松地战胜斑鳍蓑鲉。斑鳍蓑鲉本身属于凶猛的捕食者，它们现已成为入侵物种，从印度洋－太平洋海域的栖息地转移到加勒比海和地中海等地区，一度造成当地生态系统混乱。数不胜数的食肉动物因斑鳍蓑鲉鲜艳的体色和锋利的棘刺而望而却步，能够吞食斑鳍蓑鲉的生物并不多，因此斑鳍蓑鲉对海洋中的生态系统造成了破坏。目前，各地正在采取各种控制措施，减少斑鳍蓑鲉的数量，但考

右页图 斑鳍蓑鲉具有很强的防御能力，能免受捕食者的侵害，它们通过其特有的图案向对手发出警示信号，这也是它们能够在世界范围内大肆蔓延的部分原因。

虑到它们高明的防御手段，人们在参加斑鳍蓑鲉清理行动前必须接受良好的培训，否则很容易受到伤害。

***

许多动物依靠体内毒素进行防御，也有一些动物通过毒牙释放毒液，还有一些动物采取了相当令人不适的自我保护措施。这些动物不再依赖红色、黄色和橙色等警戒色，而是采用更加直截了当的防御方法。在自然界中，几乎很少有动物能比臭鼬更臭。这种中型哺乳动物广泛存在于北美地区，它们长相奇特，很容易辨认——身体基本呈黑色，背上有白色条纹，尾巴上的毛发浓密蓬松。人们通常认为，较暗、较柔和的颜色能够帮助动物隐蔽身形，但臭鼬身上的黑色和白色能形成强烈的视觉对比，尤其是在黎明和黄昏时分的阴暗森林环境中。臭鼬的警示信号旨在警告潜在的捕食者不要惹它们。臭鼬受到威胁时会扬起尾巴、弓背、抓地，如果被进一步激怒，就会冲上去攻击对方。如果它们落了下风，就会直接从肛门腺喷出恶臭液体，这种液体可以喷射到 4 米开外。如果不幸被喷上那真是相当糟糕：除了气味难闻之外，还可能导致对手生病甚至暂时失明。

上图 大多数捕食者都难以招架凶猛的蜜獾。

臭鼬的防御手段的有效性在美国加利福尼亚州等地已经得到了很好的证实。那里的捕食者均不愿接近臭鼬，当附近臭鼬较多时，捕食者的警戒程度会更高。过去的糟糕经历提高了这些捕食者的警惕性。从理论上来说，臭鼬易受郊狼、狐狸、北美山猫、美洲狮和黑熊等捕食者攻击，但这些动物基本不会主动攻击臭鼬。虽然有经验的捕食者会避开它们，但年轻而无知的捕食者可能还没有认识到这一点，最终可能会得到臭鼬带有味道的警告。臭鼬的白色条纹是一个明确的警示信号，即使是对许多色觉差的哺乳动物而言也是如此，据说这些白色条纹能够吸引攻击者的注意力，令其看向液体喷出的地方。

臭鼬是迄今为止最广为人知的具有防御能力的黑白两色哺乳动物，但具有此能力的哺乳动物并非只有臭鼬，类似的体色和防御手段已经在其他哺乳动物中进化出来。非洲艾鼬就是其中之一，它们也属于臭鼬属，身上也有黑白条纹。和臭鼬一样，非洲艾鼬会向敌人喷射有毒液体，在此之前还会做出弓背、翘尾

上图 和臭鼬一样，生活在纳米比亚的非洲艾鼬在受到威胁时能够喷出有毒化学物质。

等动作来警告捕食者。生成毒液需要花费时间和精力，所以非洲艾鼬不到万不得已的时候一般不会喷射毒液。这种恶臭物质是由肛门腺产生的，会让受害者产生灼烧感和暂时性失明。臭鼬和非洲艾鼬这两种生物是趋同进化的绝佳例证，这两种亲缘关系较远的生物进化出了相似的外貌或生活方式，就像已经灭绝的翼龙和现代的蝙蝠一样（它们的飞行姿势和翅膀形态较为相似）。自然界中还有许多其他黑白体色的中小型哺乳动物，例如獾和鼬鼠等，在许多情况下，它们也会将体色作为警示信号，但这不代表它们也会喷射毒液。实际上，它们会表现得很凶猛，让捕食者明白自己并非理想的攻击目标。蜜獾可能是此类动物中最为出名的，它们会积极地反击以狮子为代表的捕食者。

***

大自然的魅力就在于多样性，生物发出的各种警示信号可以很好地说明这一点。动物丰富多彩的体色和图案、五花八门的防御模式以及行为举止均完美地展示了大自然的多样性。发出警示信号是一种危险的做法，因为这会让它们面临被发现的风险，为了自身安全，一些动物把警示信号作为最后的防御手段，或在亮出警示信号后直接抽身而逃。当然，它们也可以选择群体生活，这样，单个个体就不太可能会成为目标。它们还可以生成一些在人类看来毒性极强的化学物质，一旦受到攻击，就可以迅速让对方失去攻击能力。对于其他生物而言，这样做的风险太大，因此它们采取了截然不同的生存方式：直接隐入环境之中。

第五章

伪装

在印度洋－太平洋海域的热带水域，一只体长只有 2 厘米的小动物正紧紧地勾在鲜艳的柳珊瑚上，它随时可能落入四处巡逻的捕食者的口中。这是一只豆丁海马，这类海马可以说是所有海马中最富有魅力的。

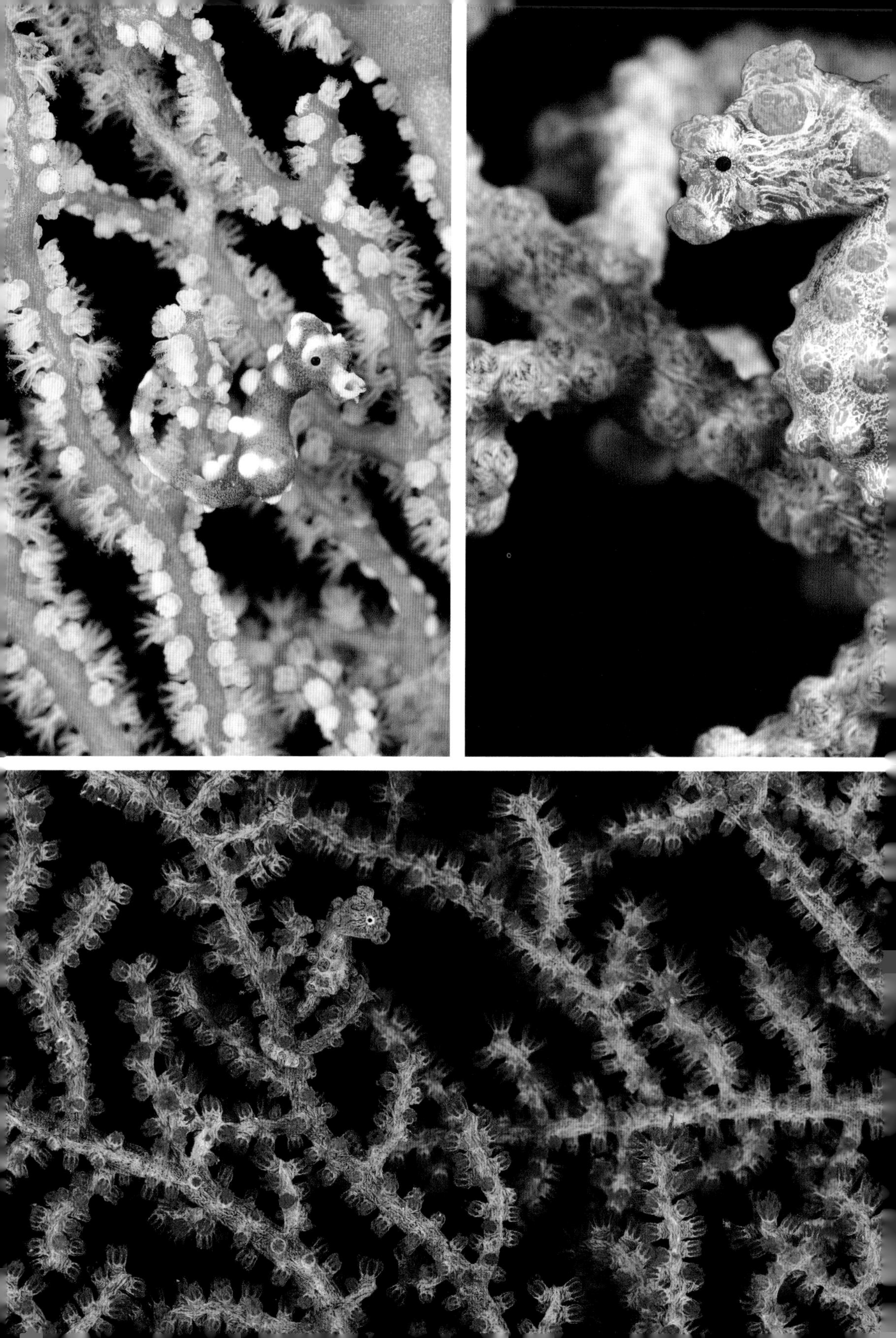

已知的豆丁海马至少有 7 种，但我们对这些动物的生活习性知之甚少。它们是潜水员和水下摄影师的最爱——如果它们露出行迹的话。自然环境中的豆丁海马能够完美地藏身于各种珊瑚丛中，它们的身体呈现出橙色、粉色、红色和其他各种颜色，与它们栖居的那丛珊瑚的颜色相匹配。一些豆丁海马身上遍布着疣状突起，这种特殊的结构能让它们更像珊瑚的一部分。豆丁海马幼年时可能是暗棕色或灰色的，但一旦找到适合栖居的珊瑚，它们就会改变体色，与之完美匹配。

就自然界的生物对颜色的应用而言，动物利用体色进行伪装的精妙程度已达到了令人惊叹的地步，为自然选择理论提供了最令人信服的证据。大量生物的体色完美匹配它们所处的环境，这足以证明将自己隐藏起来是至关重要的——对于捕食者和猎物而言均是如此。动物利用体色进行伪装的方式多种多样，有时甚至令人难以置信。有的动物的体色是经过成千上万年漫长的进化而形成的，有的动物则能够在瞬间改变体色及外观。动物改变体色的方式和采用的颜色类型可谓多种多样，令人印象深刻，但是，伪装不只是意味着让自己的体色和图案大致融入外界环境。

***

在撒哈拉沙漠以南的森林中，一条加蓬咝蝰正在等待猎物的出现，其体表正方形和菱形的图案与颜色深浅不一的落叶巧妙地融为一体。加蓬咝蝰体表的图案混合了黄色、棕色和黑色等颜色，而且排列得十分巧妙，能够给猎物营造一种视错觉，即这不是蛇的身体，而是一些与之毫无关联的物体。加蓬咝蝰利用其伪装技巧伏击那些毫无戒心的猎物，同时也能躲避危险。

加蓬咝蝰的伪装效果令人折服，它们还能通过一种特殊的技巧使身体变得更加隐蔽。它们皮肤上微小的叶状结构能够捕捉光线，使得它们身上的黑色成

左页图 在印度尼西亚，体型娇小、色彩斑斓的豆丁海马精心伪装，藏身于珊瑚之中。

为自然界中典型的“超黑色”。深色图案增加了视觉深度，使得加蓬咝蝰身体的某些部分能够隐入阴影之中。如我们所见，蝴蝶和极乐鸟在求偶时也使用了超黑色，好让其他颜色看起来更加鲜艳，但加蓬咝蝰使用超黑色是为了加强自己的伪装效果。事实上，这种方法被一些深海鱼类广为使用。在黑暗的深海之中，许多捕食者利用具有生物发光特性的“探照灯”进行捕食。一些深海动物为了隐藏自身，必须没入黑暗之中，但那些发光的“探照灯”给其带来了一些困扰。对于上述问题的一种解决方案就是进化出由微小的纳米结构组成的超黑色皮肤，这种结构过于微小，在普通显微镜下难以观察到。它们能吸收所有散落在鱼身上的光线，这样即使这些鱼的身体就在捕食者的“探照灯”下，捕食者也无法看到它们。

本页及右页图　老虎皮毛的颜色可以帮助它们伪装自己的身体。老虎捕食的那些鹿通常无法将红色、橙色与绿色区分开来，因此，对鹿而言，橙色的老虎和绿色的草原是融为一体的。图中，我们将人类视角下的老虎与鹿视角下的老虎进行了对比。

***

很少有动物像孟加拉虎一样如此具有辨识性。一提到这个名字，人们就会立刻联想到它们如帝王般高贵的橙、黑色体表条纹。它们生活在印度、孟加拉国和尼泊尔的草原或干燥森林中，以鹿、野猪和其他哺乳动物为食。在捕食者和猎物的共存系统中，漫长的进化过程塑造了它们各自独特的生存本领。老虎属于专业的猎手——敏捷、神秘，拥有灵敏的嗅觉、听觉和极佳的夜视能力，而它们的猎物时刻对潜在危险保持高度警觉，动作迅速且善于躲藏。然而，老虎属于伏击性捕食者。像大多数其他大型猫科动物一样，它们从不长距离追捕猎物（这种行为在成群的非洲野犬中更为常见）。一头体重达 250 千克的老虎不能长时间奔跑，它会慢慢地靠近猎物，在足够近的时候出其不意地攻击，咬住猎物的颈部，给出致命一击。老虎所面临的问题是如何在不被发现的情况下移动到离猎物足够近的位置，但考虑到它们巨大的体型，这并非一件容易的事情。

对于我们人类而言，老虎体表的橙色和黑色条纹辨识度极高，毕竟，陆地上很少有其他大型生物拥有如此引人注目的色彩和图案，但老虎喜欢捕食的鹿和许多其他动物对颜色的感知能力不如人类，它们区分不了橙色、黄色与绿色。在鹿的眼中，老虎的橙色和黑色条纹与草原、森林的绿色和棕色环境是浑然一体的。鹿虽然很难分辨出老虎的体色，但能够机敏地察觉到周围的风吹草动，它们的各种感官非常灵敏，尤其是听觉，所以，即使老虎的伪装如此巧妙，其捕猎成功率也不到 10%。不过，仍有一个问题让人不得其解：考虑到老虎的色觉并不发达，那么它们的皮毛为什么是橙色的，而不是像其他一些大型哺乳动物那样是棕色的？尽管老虎的皮毛在人类眼中是显眼的橙色，但这仍然是保护色的一个典型案例，展现了自然界中的保护色如何与更广阔的环境相匹配，如何骗过特定动物的眼睛，而不是我们人类。

***

伪装的目的绝不仅仅在于发起攻击。正如豆丁海马所展示的那样，伪装已是一种常见的防御手段，毕竟，对于捕食者而言，被潜在猎物发现可能意味着失去一顿美餐，而对猎物而言，被捕食者发现则可能意味着性命不保。相较于捕食者，那些容易受到攻击的动物更需要将自己隐藏起来。利用体表特殊的图案和颜色融入背景是许多生物使用的一个伪装技巧。有些动物的保护色看起来没有那么明显，但非常有效。

在巴拿马的丛林里，一只小青蛙正待在一片树叶上一动不动。从远处看，它的身体呈浅绿色，但仔细一看，它的部分身体是透明的。从下面观察它时，竟然可以看到它的小身体里的许多内部器官。这种小生物叫作玻璃蛙，其绿色皮肤和部分透明的身体可以帮助它融入周围的绿色环境。

与许多身体几乎完全透明的动物（如幼鳗和长臂虾）不同，玻璃蛙的身体只有部分是透明的。它的腿较为透明，从俯视角度看，它的身体大部分是淡绿色的。全身完全透明是相当难的。首先，动物的肌肉和器官需要做出改变，既能让外界光线通过，又不能损害其重要的生理功能。某些身体部位，尤其是眼睛和某些内部器官，从生物学角度而言根本不可能完全透明。我们可能会想，为什么玻璃蛙的皮肤不完全是绿色的？答案是，树叶不仅仅只有一种绿色。树叶的绿色深浅不一，有些叶子比其他叶子更绿或更鲜亮。所以，当一只体色较为明亮的酸橙绿色青蛙从一片淡绿色的叶子跳到一片深绿色的叶子上时，很容易被其他生物注意到。在此情况下，玻璃蛙的应对办法就是让透过叶子的一些光线穿过它的身体，尤其是躯干的边缘和腿。这样做可以让玻璃蛙的体色与叶子的颜色和亮度相匹配，以确保身体的边缘和四肢更有效地融入环境。值得一提的是，这样一来，玻璃蛙的身体轮廓会变得模糊，能够更好地与周围环境相融合，让这些两栖动物躲过鸟类捕食者锐利的目光。

玻璃蛙并非唯一一种利用透明身体来伪装自己的动物，蝴蝶和飞蛾也会采取这种隐藏策略。这些生物中有几种并不仅仅依赖于伪装，它们还会模仿胡蜂、蜜蜂甚至是有毒的蝴蝶，最后，它们既有黄色和黑色的体色，又有透明的翅膀。有一些昆虫，例如宽纹黑脉绡蝶（又叫玻璃翼蝶），显然也受益于这种透明特性，因为这让它们更不容易被饥饿的鸟类发现。这些蝴蝶在某些情况下也用毒素保护自己，它们的翅膀除了边缘的斑纹以外几乎完全透明。构成昆虫翅膀的几丁质是一种透明的物质，蝴蝶的翅膀上如果没有鳞片和色素，就是透明的。当宽纹黑脉绡蝶的翅膀透明程度较高的时候，捕食性鸟类就不太可能看到它们。除了玻璃蛙和宽纹黑脉绡蝶，还有不少水生动物有着透明身体，例如玻璃鲶鱼和某些鱿鱼，水的光学特性使得这种防御手段更加有效。

第 194 页图　在哥斯达黎加，一只网状玻璃蛙正待在一片树叶上，其部分透明的身体的轮廓与背景基本融合。

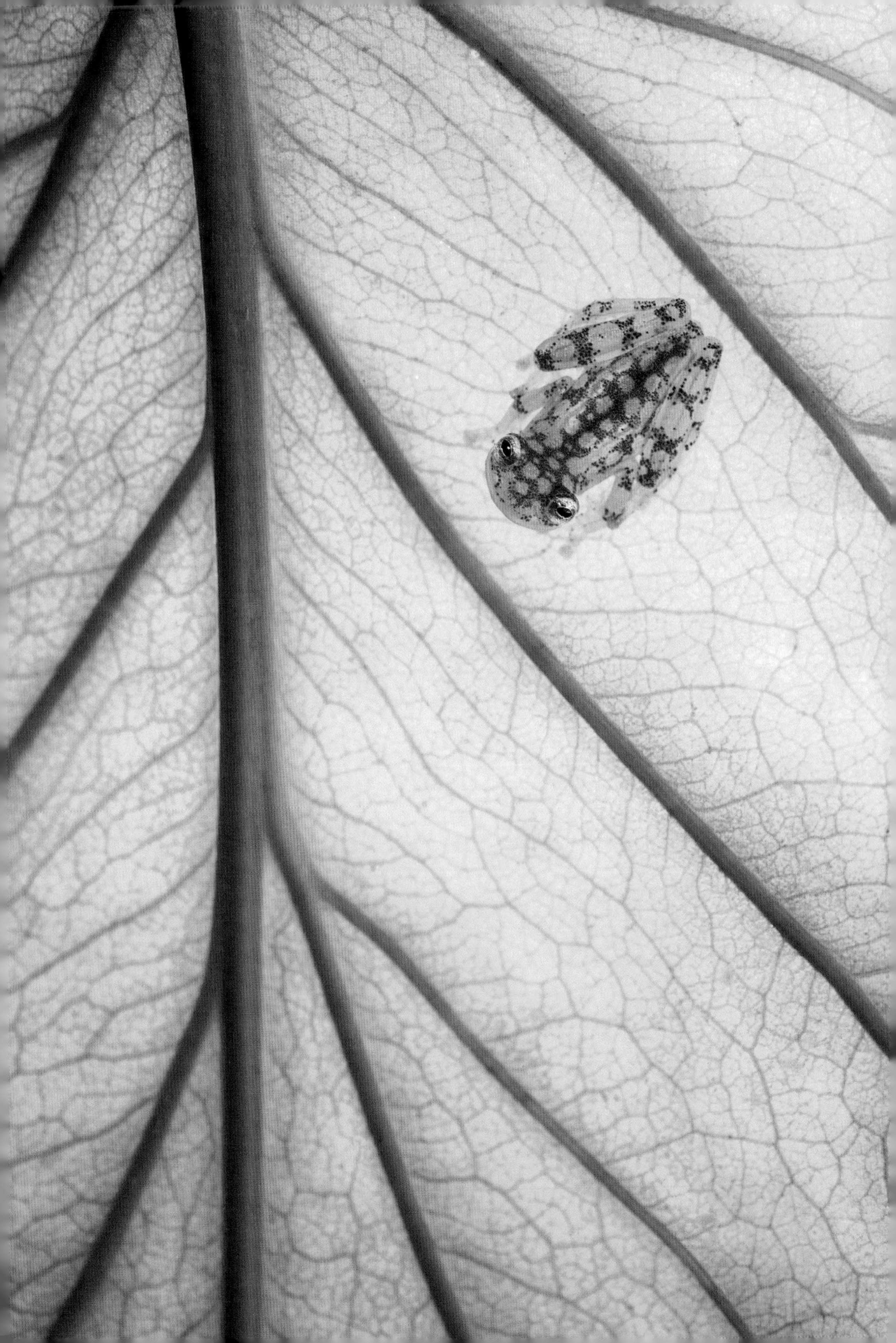

背后的科学

加蓬咝蝰和老虎所使用的“背景匹配”式伪装技巧也许是最常见的一种。使用这种技巧的动物身上的颜色和图案已经进化到与背景相似的程度，这样就不会被外界“窥探”的眼睛发现。一些动物可能会看向伪装者所在的地方，但却无法发现它们。然而，这种伪装方法并不完美，早在 19 世纪后期，博物学家和科学家就意识到这种伪装方法存在一个重大缺陷：动物的身体轮廓通常很容易被发现，因为它们无法天衣无缝地融入周围环境。动物的身体边缘甚至眼睛等器官都可能会暴露它们的位置。为了解决这个问题，许多动物通常采用高对比度的图案装饰身体边缘，其中一些图案能融入环境，另一些则不能。身体边缘的图案是为了破坏整体轮廓，好让自己藏得更隐蔽：这种策略称为“混隐色”。以钩翅天蛾为代表的蛾子的翅膀上就有这种图案，它们淡粉色的翅膀上散布着深绿色的斑纹。在整个自然界中，鱼类、蛙类等生物的眼部和头部常常分布着深色条纹，这样做的目的是让眼睛不那么显眼，否则可能一眼就被其他动物发现。

许多动物所面临的另一大挑战是从身体上方投下来的阳光，这让它们身体的迎光面产生了强烈的反光，而身体下方又出现了阴影。许多动物的视觉系统都能利用自然界中的光影信息推测出动物的形状和大小等特征，可见阴影带来的对比效果可以突出许多物体的三维特征。为了应对这种情况，大量生物都会使用反阴影策略，即那些面对阳光的身体部位颜色较深，而身体另一面的颜色则较浅。反阴影策略在海洋世界中被广泛使用，尤其是鲨鱼和硬骨鱼等海洋生物。事实上，在大海中，这一策略具有双重优势——从上往下看时，

在大海深色背景的映衬下，背部颜色较深的鲨鱼和硬骨鱼等生物几乎隐形，而从下往上看这些动物时，由于它们腹部颜色较浅，在天空的衬托下也难以发现它们。

在一些情况下，伪装可以达到更极致的视觉效果。例如，许多虾和鱼的身体是透明的，因此它们所呈现的视觉画面就是它们身后的世界。由于海洋的特殊光学特性，透明的身体在海洋中的伪装效果往往比在陆地上更好（不过玻璃蛙和宽纹黑脉绡蝶是例外）。还有一些动物不会试图融入周边的大环境，而是和特定的物体匹配。和许多蜘蛛一样，桦剑纹夜蛾的早龄期幼虫看起来就像鸟的粪便。还有一些昆虫能够轻而易举地伪装成小树枝。相比之下，生活在中美洲和南美洲的林鸱属于体型较大的动物，它们一般会将自己伪装成一截树桩。当受到威胁时，它们会保持这种状态，透过眼睑上的小缝警惕地偷偷观察外部世界。动物模仿环境中其他物体的特征，我们恰当地把这种做法称为“乔装”，这并不会让它们完全隐形，不过别的动物会将它们误认为其他东西，无法看破其真实身份。

对于大多数动物（尤其是陆生动物）而言，让光线直接穿过身体是不可能的。因为，从生物学的角度来讲，将组织改造成透明的需要付出极其高昂的代价（当然，那些本来就是透明的身体组织不在讨论范围之内，例如某些昆虫的翅膀）。这或许可以解释为什么透明的身体在陆地上并不常见，或者即便存在，也远非完美，玻璃蛙就是典型代表。而水下环境的光学特性使得透明效果更容易实现，且身体透明化在小型动物中更为常见，包括许多鱼类的幼体，因为这些动物可能更容易受到攻击。不过，陆生动物可以通过其他方式减少光给自己带来的不利影响。

右页图 · 上　宽纹黑脉绡蝶的某些身体部位是透明的，这在陆生动物中非常少见。
右页图 · 下　一些海洋无脊椎动物的身体几乎完全透明，它们就是通过这种方式“隐身”的，包括这只生活在大堡礁的虾。

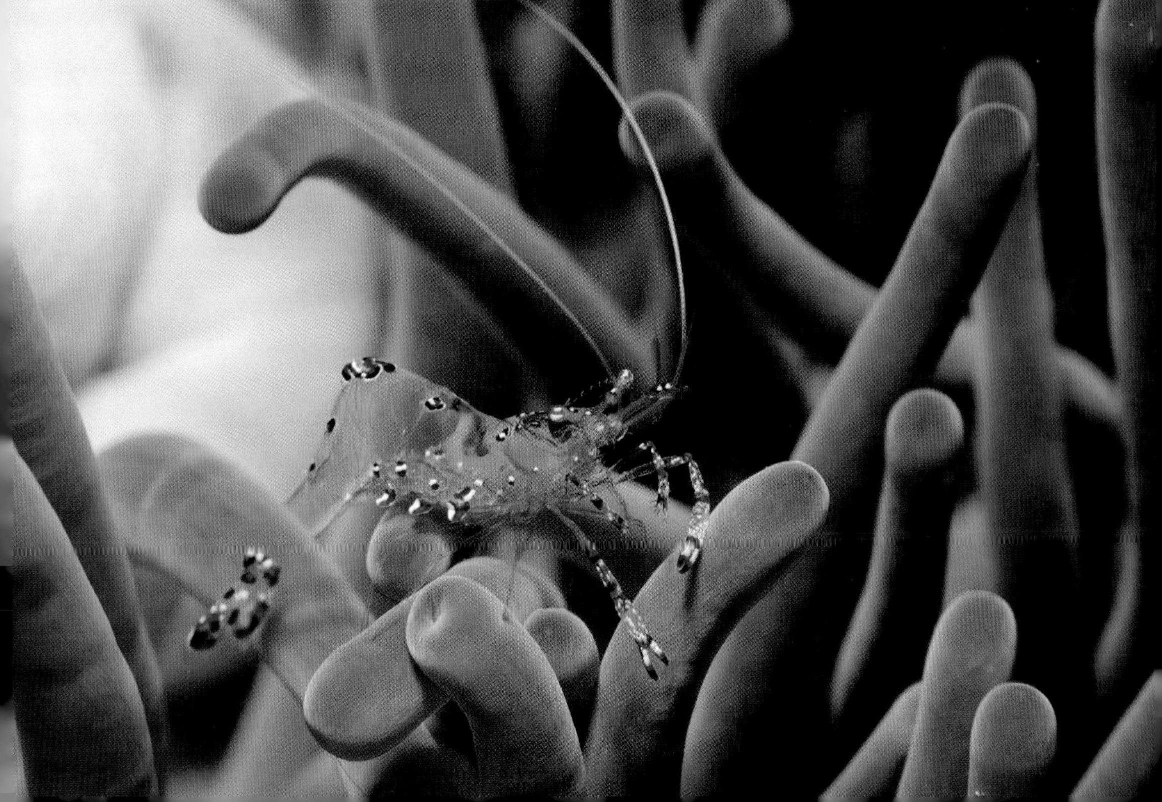

***

蓝目天蛾的幼虫是一种令人印象深刻的大型昆虫，它们的体长可达7厘米。它们通常待在苹果树上，喜欢紧紧地贴在树枝和树叶的背面，腹部颜色较暗，尾部经常朝向天空。这种毛虫的身体呈圆柱形，而阳光给它们带来了一个问题：阳光照在它们身上，会在身体下方投下一片阴影。为了解决这一问题，蓝目天蛾的幼虫使用反阴影策略，抵消了阴影，否则就会暴露自身的存在。

许多海洋生物也非常依赖反阴影策略，因为水下的光照强度差异可能更大。需要注意的是，反阴影策略所能发挥的作用是有限的。许多海洋生物的腹部颜色较浅，这可以帮助它们躲避潜伏在深处向上看的捕食者，但这种方法很难将整个身体轮廓完全隐藏起来。一些海洋生物还有另一种方法来应对这一问题。

上图 蓝目天蛾幼虫通过反阴影策略将自己隐藏得很好。

在大西洋东北部的深水区，在 2 000 米的深处，生活着一种叫作黑腹乌鲨的可爱鱼类。黑腹乌鲨的体长通常不到 50 厘米，无法与电影《大白鲨》中的鲨鱼相提并论，对于许多大型捕食者而言，它可称得上是一顿美餐。这种乌鲨是数量较为庞大的物种，有时也出现在浅水区。像其他的乌鲨一样，黑腹乌鲨的身体底部发出的光能抵消因挡住水面上方微光而带来的阴影，这被称为“发光消影”现象。它们的皮肤上有着发光细胞，这些细胞能发出生物光（萤火虫、鮟鱇鱼等生物发出的光也是生物光）。它们发光不是为了吸引配偶或捕食，而是为了隐蔽自己。这种“隐身”机制具有灵活性，发光量可以随外界环境的变化而变化。如果黑腹乌鲨离水面较近，它们的腹部就会发出比在深水区更强的光。发光消影现象在许多海洋动物中都很常见，包括鲨鱼、某些硬骨鱼和乌贼等；事实上，通过对化石的研究，人们发现鲨鱼的发光消影行为至少可以追溯到白垩纪时期。

***

欧洲横纹乌贼是海豹、海豚、海鲈鱼和鲨鱼等各种动物的美味大餐，它们如果想活得久一点，就必须避开这些捕食者的视线。幸运的是，大自然赋予了乌贼及章鱼、鱿鱼等头足类生物一种极具迷惑性的防御术：快速变色。

乌贼行动敏捷，在海床表面活动，穿梭于许多不同的栖息地，可根据周围环境的变化随时改变体色；事实上，乌贼可以在不到一秒钟的时间内，在沙黄色的体表上呈现出对比强烈的深色图案，完美模仿周围的小石子。乌贼皮肤中的色素细胞含有多种色素，这些细胞被肌肉所包围，它们的肌肉受神经系统控制并与眼睛相连。乌贼观察到新的背景时，会立即改变体色以融入其中。其他的细胞，如白色素细胞和虹彩细胞，就像位于色素细胞下面的镜子一样，能够帮乌贼迅速呈现出白色和蓝色。

因为它们能够快速而准确地改变体色，所以人们可能有理由认为乌贼具有良好的色觉。但令人惊讶的是，乌贼其实是色盲——至少它们不能用眼睛来分辨海洋中的任何颜色。它们能感知外界环境亮度的变化，但不能感知颜色的变化。那么，它们是如何达到这令人诧异的变色效果的呢？有一种猜测是，它们能探测到环境中的明暗差异，并适当地改变体色。较为明亮、质地细腻的沙子往往是黄色的，较为暗淡的岩石通常是棕色的，而鲜亮的海藻可能是绿色的。知道这些物体的明暗差异也许可以作为改变体色的一大经验法则。还有另外一种更有说服力的猜测。最近，科学家发现乌贼的皮肤中含有视蛋白。这些视蛋白存在于许多有色觉的动物眼睛中。关于皮肤中视蛋白的科学研究还处于起步阶段，人们猜测，乌贼也许可以通过皮肤中的视蛋白看到颜色，或者至少可以用皮肤探测到不同波长的光。

乌贼以及章鱼还有另一种非凡本领。它们可以利用特殊的肌肉群来改变皮

上图 许多海洋生物都能发光。

肤的纹理，让皮肤的某些区域变得平滑或者凹凸不平。章鱼在面对覆盖着海藻的岩石时，不仅会举起触手以模仿海藻的形状，还会改变皮肤纹理，模仿海藻的质地。

***

有些动物的体表变化更加惊人。体长不到 10 厘米的希氏乍波蛸栖息在几百米到 1 000 米之间的海洋深处。奇怪的是，它们在较浅的水域中时，会迅速收缩色素，使身体变得透明；然而，它们在较深的水域中时，会扩散色素，使身体呈红黑色。这些生物可以根据需要迅速转换体色。问题是，为什么要这样做呢？

离水面较近的动物容易被下方的捕食者发现。为了应对这一问题，除了发光消影策略外，另一个有效的解决方案就是将身体变成透明的：如果大部分环

上图 欧洲横纹乌贼被许多捕食者视为美味，它们为了保命从早到晚都不卸下伪装。

境光直接穿过它们的身体，那么它们就几乎隐形了。相比之下，体色较深的生物在明亮的光线下很容易被发现。不过，这种策略也存在弊端。虽然水生环境比陆生环境更有利于动物采用该策略，但光线通过身体组织和周围环境时往往会产生轻微的颜色不匹配现象，此外，光线还可能会在动物体内散射，在较浅、较明亮的水域，这不是什么大问题，但当遇到用生物光“探照灯”进行捕食的捕食者时，这就相当危险了。许多深海捕食者都有特殊的器官，这些器官会发出蓝绿色或红色的光来照亮其他动物。当“探照灯”发出的光在透明的动物体内散射时，会让它们比周围的水域更亮，使它们无处藏匿。然而，体色呈深红色或黑色的深海动物几乎不反射任何光线，可以更好地与周围的黑暗环境相融合。所以，希氏乍波蛸会适时调整自己的体色，让自己更贴近环境色，粉碎敌人的“阴谋”。

上图 章鱼通过融入周围环境或模仿其他物体来躲避危险。图中，一只生活在菲律宾海域的长蛸正藏匿于海底。

***

乌贼和章鱼堪称融入栖息地特定环境的大师，但还有其他生物比它们更胜一筹。其中伪装本领最为高超的要属叶䗛科昆虫，它们也被称为“叶子虫”。这些动物的样子简直让人难以置信，它们在颜色和形状上与真正的叶子极为相似，甚至体表还有明显的叶脉纹路，这种本领实在非同凡响。有些物种看上去就像一片枯叶，带有一定的坏死痕迹，上面甚至还有类似霉斑的图案，或者表现出某些部位像被毛虫或其他食草动物啃过一样。除非是误打误撞，不然很难想象有捕食者能单凭外表发现它们。放眼望去，在叶䗛科昆虫所属的竹节虫家族中，有很多成员的颜色、形状和大小与树枝、草叶相似，有些甚至把前足伸到身体前面以增加体长，让自己更像一根枯枝。

上图 加里曼丹岛等地的热带雨林中生活着很多动物，除了叶䗛科昆虫以外，许多动物都具有出色的伪装技能。

桦尺蛾的幼虫同样是伪装界的大师。它们就像枯枝一样：体色暗淡，表面疙疙瘩瘩，常保持稍稍弯曲的姿势。和乌贼一样，这些幼虫也会根据周围环境的变化改变体色，它们会花上数天或数周，缓慢地从浅绿色变成深棕色，与它们栖身的树枝完美匹配。它们与头足类动物的相似之处还有一点：即使蒙上眼睛，也能改变体色。它们皮肤中控制视蛋白的基因非常活跃，而视蛋白通常是眼睛具有色觉的基础，这表明幼虫可以不用眼睛而通过身体“看到”光和颜色。就在几年前，这种现象还被认为是科学幻想而非科学事实，但现在在鱼类和变色龙身上也得到了验证，因为它们也具有通过皮肤“看到”不同颜色的能力。

***

在加里曼丹岛的热带雨林中，一只飞蜥从一棵大树的树干跳到另一棵树上。该地区有许多动物会“飞”，包括一些著名的树蛙和蜥蜴，后者会使用由细长肋骨支撑的可伸展翼膜从一棵树滑翔到另一棵树上。生机勃勃的丛林中有着不同景象、颜色和声音，但要说最能吸引注意力的，还得是移动的动物。事实上，移动早已被视为成功伪装之路上的主要障碍。某个动物可能已经与背景完美地融合在一起，几乎不可能被发现，但一旦它开始移动，立刻就会被注意到。飞蜥可以不露痕迹地藏在它们栖身的树上，而滑翔对它们来说是一种危险的行为，因为这样更容易被速度更快、更敏捷的猛禽攻击。

当飞蜥跳过树木之间的间隙时，它会打开身体侧面的翼膜，缓缓向下滑翔，此时，我们可以观察到其翼膜呈亮黄色，与当地树木落叶的颜色非常相似。这只蜥蜴在静止时与环境完美融合，移动时就像从树冠上飘下来的一片落叶。自然界中现有 40 多种飞蜥，生活在不同地区和不同森林类型中的飞蜥的翼膜颜色各有不同，涵盖了红色、绿色等多种颜色。不同地方的落叶颜色各有不同，飞蜥的伪装色会与落叶的主色调相匹配。栖息于沿海地区的飞蜥有红色的翼膜，

右页图 · 上 栖息于哥斯达黎加的一种拟苔藓竹节虫的伪装水平更上一层楼。
右页图 · 下 生活在英国的桦尺蛾幼虫会改变体色以模仿其栖息的树枝。

为的是和环境中的红色落叶相似，而生活在低地森林的飞蜥则有与黄色落叶颜色相近的翼膜，且翼膜的大小和形状也能与当地的树叶相匹配。总而言之，这些生物已经相当适应栖息地的环境，毕竟，如果周围的树叶都是红色的，伪装成黄色树叶是没有意义的。

***

有些栖息地的环境极具挑战性，迫使动物想出各种各样的巧妙方法来隐藏自己。世界上大部分海岸线上的潮池就是如此。这些地方经常会受到海浪的冲击，在涨潮时被海水淹没，在退潮时暴露在外。它们是环境变化非常大的微型世界。涨潮时，凉爽的海水会将潮池淹没，栖息其中的大部分生物也会被淹没。海水变深之后就会吸引来体型更大的海洋捕食者，包括一些大鱼，甚至还有海豹这样的海洋哺乳动物。退潮时，大部分岩石会暴露在空气中，在风吹、雨打和日晒之下，雨水和溪流中的淡水可能涌入潮池，潮池中的水会显著升温，随着水分蒸发，水中盐度也会明显提高。此时这里成了另外一些捕食者的目标，尤其是海鸥、蛎鹬和翻石鹬等鸟类。生活在潮池中的动物需要有过硬的本领，既要应对极端的外部环境，又要抵御不同的敌人。

在这些于险境中求生的生物中，有很多是在岩石和杂草中来回穿梭的小鱼。大大小小的鳚鱼和虾虎鱼都可能成为诸多海鸟甚至更大的捕食性鱼类的美餐。鳚鱼在潮池中很常见，它们经常待在一个区域，必须学会在复杂的环境中藏身。它们的体表覆盖着伪装效果极好的斑驳图案，颜色包括黑色、黄色和棕色，与礁石和沙子十分相像；此外，它们还有另一个技巧——迅速改变自己的外观。在短短一分钟左右，它们的体色就可以变得更暗或更亮，这有助于它们在水中游来游去、寻找新的藏身之处时及时融入环境。

在自然界中，为了隐蔽自身而改变体色和图案的情况实属常见，但与某些

右页图 移动是有风险的，因为这会引起捕食者的注意。为安全起见，飞蜥会伪装成落叶的样子。

鱼类和头足类动物相比，有些动物改变体色时通常耗时较长，例如变色藻虾。它们生活在靠海面较近的潮池中。这种小动物经常被人们忽视，倒不是因为体型太小，而是因为它们的伪装技巧实在是高超。单凭名字判断，变色藻虾就是五彩缤纷的象征——它们有不同的颜色类型，有些呈深紫红色，有些呈明亮的酸橙绿色。此外，还有一些变色藻虾的身体是透明的，体表点缀着复杂的图案。体表呈绿色的变色藻虾与石莼等绿色海藻的颜色相似，而体表呈红色的变色藻虾则能与掌状红皮藻等红色海藻完美匹配。变色藻虾可以改变自己的体色，例如将红色变成绿色，反之亦然，但体色的改变通常需要数周时间。这似乎很奇怪，因为如果一只变色藻虾去另一种颜色的海藻中生活，它将需要很长时间才能和新环境的颜色相匹配。这就引出了一个问题：它们为什么要煞费苦心地改变体色呢？答案可能要归结于变色藻虾所栖居潮池中的藻类会发生季节性变化。

上图 潮池中的生活环境着实恶劣。鳚鱼等鱼类可以通过改变体色以融入栖息地多变的环境。

年初的时候，海岸线上生长的海藻以红色藻类为主，当然，此时的变色藻虾也主要是红色的。随着季节的转换，红色的海藻逐渐减少，更多的褐色、黄色和绿色海藻涌现出来，变色藻虾的体色也需要随之改变，以更好地适应新环境。

变色藻虾缓慢改变体色的策略有助于它们应对栖息地的逐渐变化，但是，当海浪和潮汐把它们从一片海藻带到另一片不同颜色的海藻中时，这种策略无法让它们在短期内保持隐蔽。对此，变色藻虾已有自己的解决方案，即红色或绿色的变色藻虾会分别奔赴红色或绿色的海藻，它们会游到最适合自己的环境中去。

透明的变色藻虾则更像是一个谜，不过还有一种藻虾与它们密切相关，这种虾因生活在巴西海岸而被戏称为“狂欢节虾”，围绕它们的研究为透明的变色藻虾为何存在提供了可能的答案。狂欢节虾也是透明的，它们有着流线型的

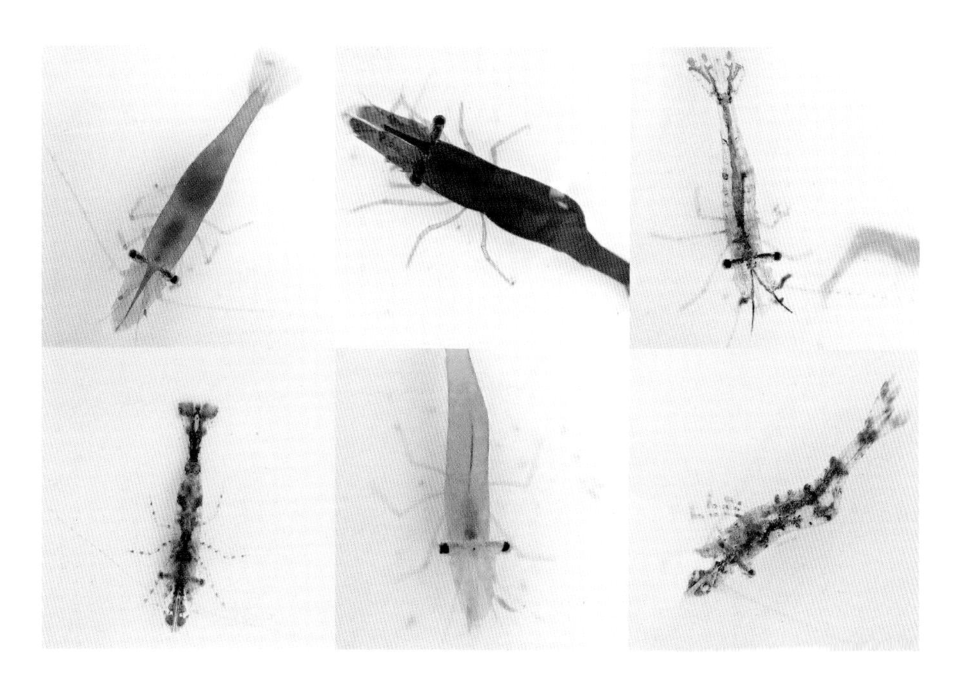

上图 这些颜色各异的变色藻虾都是同一物种，常见于英国海岸，一旦把它们放回混有相似颜色海藻的潮池中就难以发现。

身体，属于更活跃的游泳健将，经常在不同的海藻中迁移——事实上，大多是雄性为了寻找雌性而迁移。对它们而言，似乎没有必要与特定的环境色保持相似，所以它们选择了不同的策略。它们的身体是透明的，所以无论在什么环境中都很难被发现。

***

潮池中的生命如此丰富多样，在一定程度上也是由于每个潮池都是一个独特的微型栖息地。生活在潮池中的动物可以藏在岩石下和裂缝中，在各种颜色的海藻中来回穿梭，或者将自己埋在砾石中。有些动物充分利用栖息地环境多样化的这一特点，藏身于相对显眼的地方，甚至肆无忌惮地在开阔的地方游荡。

上图 高明的隐蔽之法是成为环境的一部分，长喙大足蟹就是这样做的。

往潮池里看，一块被海藻覆盖的小石头正开始移动，慢慢地从潮池的一边移动到另一边。但若仔细观察，你就会发现这并不是石头，而是一只长喙大足蟹，它的身体呈三角形，有着细长的腿，看起来十分纤弱。这种石头外观并非长喙大足蟹本来的模样，这种蜘蛛蟹的身体表面覆盖着一层小小的钩状结构，它们会小心地将海藻挂在上面。这种外观意味着长喙大足蟹可以大胆地在开阔区域随意走动，其他动物会将其误认为是环境的一部分。长喙大足蟹通常会让自己的外观与周围环境保持一致，它们会对其“海藻服”进行微调，向环境中生长得最多的海藻“看齐”，还会换掉身上不够新鲜的海藻。

在离海岸更远、更深的海中生活着一种体型非常大的蜘蛛蟹——欧洲蜘蛛蟹。这种海洋生物拥有直径超过 20 厘米的坚硬外壳，还有细长的腿。很难想象这些体型巨大的螃蟹也会有很多天敌，但这显然是事实，因为它们经常用各种海藻装饰自己的外壳，使它们看起来像一块不怎么会动的笨重石头。

螃蟹通常有坚硬的外壳护身，体型更大的螃蟹外壳更厚，作为防御武器的螯也遵循着这一规律。体型较小的螃蟹通常没有那样强有力的防御措施，尤其是体长一般只有几厘米的寄居蟹。它们通常会选择那些能为之提供保护的物体，而不是通过伪装来隐藏自己。

伯氏寄居蟹在英国分布广泛，数量众多。这些寄居蟹在海岸附近相当常见，不过想要找到它们却需要极大的耐心，它们只有出来四处走动的时候才会暴露自己的行踪。任何开始快速移动的螺壳里都可能藏着一只寄居蟹。寄居蟹通常会把它细长的身体塞进壳里，这样就只有头胸部露出来，遇到危险时还可以把身体全部缩回壳内。随着寄居蟹逐渐长大，它们必须找到更大的螺壳来容纳自己的身体，这可能会在群体之间引发激烈的“居所”竞争。然而，合适的居所还需要满足另一个要求，那就是新居所要与所处环境的颜色相似。不知通过什么方式，寄居蟹对自己当下的居所非常了解，一旦发现螺壳颜色较浅，而周边

的环境相对较暗，它们就会努力寻找更加适合的螺壳。螺壳既能保护它们脆弱的身体，也能帮助它们不被敌人发现。

***

在单一的栖息地中应对外界危险已经很有挑战性了，而有些生物还必须在它们所造访的各种栖息地中隐蔽自己，甚至还要应对年龄增长所带来的各种新变化。普通滨蟹（又叫作绿蟹）是英国分布最广和最常见的螃蟹，它们能够适应的盐度和温度范围较广，对环境具有高度的适应性，一般而言，拥有这些本领也就意味着它们可以生活在许多不同的栖息地。事实上，普通滨蟹已经随船舶压载水被运往世界各地，现在是地球上最具入侵性的物种之一。关于普通滨蟹具有绿色外壳的说法只是部分准确，因为虽然许多成年普通滨蟹都有暗绿色的外壳，但也有许多例外，比如有些普通滨蟹的外壳呈纯白色，有些呈红棕色甚至橙色，上面通常还有着复杂的图案，而幼年普通滨蟹的体色则更加多样化。

普通滨蟹体色多样化的最显著原因之一是栖息地的多样化。那些栖息在沿海滩涂和河口的普通滨蟹外壳呈棕绿色，能够完美融入棕色的泥质沉积物和一层层绿藻中。那些生活在潮池和贻贝聚集的海床上的普通滨蟹的外壳图案往往更清晰，颜色更丰富，非常适合那些在视觉上更复杂的环境。这与个体间基因差异没有什么关系，因为即便是生活在相邻栖息地的同一种群的普通滨蟹，颜色也会有所不同。幼体可以在短时间内改变体表的亮度，它们可以在几个小时内以这样或那样的方式改变自己的外观，这有助于它们更好地融入环境。而在蜕壳、换上新的外骨骼时，普通滨蟹会像变色藻虾一样，在几周的时间里彻底改变自己的外观，以完全融入周遭的环境——尽管这一过程并不像说起来那么简单。

栖息于泥滩的普通滨蟹十分善于融入环境。这在很大程度上是由于泥滩环

左页图 · 上 欧洲蜘蛛蟹凭借庞大的体型与身体表面的海绵和海藻保护自己。
左页图 · 下 伯氏寄居蟹会挑选那些与栖息地环境相匹配的螺壳作为安全住所。螺壳中通常也栖居着小海葵。

上图 普通滨蟹的适应性极强，能够利用体色变化和伪装融入各种栖息地环境。

境中的颜色较为单调，所以它们直接呈现一种体色即可，只要避免对比强烈的图案就可以完美融入周边环境。相比之下，潮池中的环境则极其丰富多样，各种各样的岩石、砾石和海藻呈现出红色、绿色、黄色、白色和黑色等各种颜色。在这种环境中调整体色绝非易事，更不用说改变体表图案了。例如，一只普通滨蟹如果变成红色，就会在绿色或黄色的海藻中以及沙质池底上无处遁形。这就带来了一个大问题，因为普通滨蟹在觅食时会四处移动。然而，潮池中的普通滨蟹似乎根本不会通过改变体色来融入栖息地，而是在外壳上呈现各种对比鲜明的（通常是黑白色的）菱形或“Y”形图案。它们利用混隐色来破坏身体轮廓，从而更有效地融入栖息地环境。在泥滩环境中，混隐色可能是没有意义的——事实上这会让生活在泥滩中的普通滨蟹付出巨大代价，因为这种对比鲜明的图案在颜色相对单调的环境中尤为显眼。此外，普通滨蟹的策略和变色藻虾的策略颇为相似，它们会选择栖息在与其体色最相似的环境中，最大限度地利用它们的原有体色。

普通滨蟹的体色还有一个有趣的特征，这也解释了为什么它们常被称为绿蟹。普通滨蟹通常会随着年龄和体型的增长改变自己的外观，这一特征在许多物种中都存在，例如有些善于伪装的幼体在成长过程中体色变得更加统一，也会褪去引人注目的图案。许多普通滨蟹在长大后会变成绿色，这是有许多原因的。较成熟、体型较大的个体比年幼的个体更不容易受到捕食者的威胁，所以它们可能不需要那么高明的伪装。这种说法可能从某种意义上而言是正确的，但还有更多的原因。成年个体喜欢四处走动，通常会搬到离它们长大的栖息地很远的地方，为此，它们会经过一系列的栖息地。试图融入每个栖息地没有什么意义，因为随着它们来到不同的栖息地，特定体色的隐身效果很快就会大打折扣，因此，它们使用了一种“万能”体色，这种体色与任何栖息地中的环境特征都不完全相似，但是能相对较好地匹配各种环境。

背后的科学

我们如果翻阅昆虫百科类书籍就会发现，许多善于伪装的飞蛾通常有几种不同的体色类型。事实上，除了飞蛾之外，其他一些动物也依赖于伪装色进行隐藏，而且它们也拥有不同的体色类型。这背后的原因多种多样。生活于美国的多种蜥蜴的体色与栖息地环境的颜色相似，例如东部强棱蜥和栖息于新墨西哥州的细纹鞭尾蜥蜴，栖息于火山岩中的蜥蜴通常颜色较深，生活在沙地中的蜥蜴则颜色较浅。与可以自主改变体色的普通滨蟹不同，蜥蜴的体色存在种群差异，遗传差异决定了不同的体色类型。随着时间的推移，各个栖息地的捕食者会将那些不善于隐蔽的蜥蜴吃掉，这促使生存下来的种群更好地融入当地环境。

有时，主流的体色类型以及不同体色占据主流的频率会随着时间的推移而变化。最广为人知的例子要数桦尺蛾。在英国工业革命之前，桦尺蛾的体色较浅，和落叶林的树枝、树干上地衣的颜色较为相似。然而，当工业革命开始后，环境污染导致地衣不复存在，烟尘污染使树皮变黑。偶然间，一种新的体色出现了，起因是控制桦尺蛾体色的一个基因发生了突变，让桦尺蛾的体色变得更深，与被染黑的树木颜色更匹配。因此，深色的桦尺蛾能够较好地隐藏自身，躲过饥饿鸟类的视线，生存概率更大，而浅色的桦尺蛾则更容易被吃掉。结果，这个物种在短短几十年里发生了巨大的体色变化：大多数桦尺蛾都是深色的。随着 20 世纪 50 年代和 60 年代《清洁空气法案》的通过，英国一些地区的环境污染程度下降了，地衣也慢慢恢复了生机。这时，浅色桦尺蛾更不容易被发现，而深色的则更显眼，时至今日，桦尺蛾大多都是浅色的。

有时候，不同体色的存在并不一定是为了匹配不同的环境背景，而是为了干扰捕食者觅食。鸟类等许多动物在觅食的过程中，一旦发现特定类型的猎物，就会集中注意力搜寻类似的生物。例如，如果一只鸟看到几只带有黑色斑点的浅色飞蛾，它就会集中注意力寻找符合这一特征的飞蛾。这种现象被称为“搜寻印象”。人类也会做同样的事情，如果我们事先知道需要在商店里买什么，我们便可以更高效地在一堆物品中找到它。使用搜寻印象的代价是，捕食者可能会错过其他美味，因为一只正寻找浅色飞蛾的鸟可能会忽视眼前身上带有条纹的深色飞蛾，即使这只深色飞蛾可能比浅色飞蛾在该环境中更显眼。捕食者的这种搜索行为促使一些飞蛾进化出多种体色，使得捕食者更难找到它们。这有着重要的意义。具体而言，如果大多数飞蛾的体表呈浅色，那么捕食者就会对此形成搜寻印象，深色的飞蛾就会更容易被忽视。随着时间的推移，深色飞蛾的生存状况越来越好，这种体色也变得更常见，深色飞蛾大量繁殖，达到一定数量，此时，其他看起来体色较为不同的飞蛾的生存状况将会逐渐变好。这些过程意味着不同体色的飞蛾的占比可以随时间波动，不同体色类型的飞蛾数量会增加或减少，并非一成不变。

普通滨蟹幼体的颜色类型相当丰富多样，尤其是栖息于潮池中的那些，它们可以使自己融入不同的背景，并使用混隐色来打破自身轮廓，同时，它们也可以利用捕食者的搜寻印象以躲开搜索。由于它们的体表可呈多种颜色，因此捕食者更难找到它们。从很多方面来说，普通滨蟹似乎具备了应对环境压力的惊人能力，但它们无法逃脱人类世界的影响。虽然它们极强的适应能力可能使它们成为原产地之外的高度入侵物种，但研究表明，面对复杂的现代环境，例如船只的噪声，它们的生存也面临巨大压力。暴露在这种噪声污染下的普通滨蟹更不容易逃离危险，也更难改变它们的伪装色，这意味着它们更有可能被捕食者发现。

***

丰富的体色是许多动物会采用的伪装策略，但正如我们所看到的，它们所采用的体色一般不会特别夸张。然而，有些动物却反其道而行之，在体色上要华丽得多，看起来就像在吸引配偶或发出警告信号。古巴东部沿海地区的生物多样性十分丰富，各种动物遍布于山地、森林和海洋栖息地。如此多样的生态系统会让人想起色彩斑斓的鸟类或有着漂亮图案的蝴蝶，不过，该地区还生活着一类更为惹眼的动物——蜗牛。古巴的蜗牛种类繁多，仅陆地蜗牛就有约 1 400 种，兼具各种体色，其中最突出的要数叉线海明蜗牛。

叉线海明蜗牛的拉丁学名是“*Polymita picta*”，“*picta*”的意思是“涂画”。这是一个恰当的描述，每只蜗牛都有着美丽的色彩，展示着鲜红色、亮黄色等各种颜色，且每只蜗牛的体色都是独一无二的。许多物种，尤其是无脊椎动物，都有着各种醒目的颜色，不过背后的原因尚未揭晓。在这里，与许多善于伪装的生物的暗淡体色所起到的作用一样，多种鲜艳的体色可能有助于个体躲过捕食者的搜索。如果一只饥饿的鸟发现了一只红色的蜗牛，红色可能就会让鸟形成搜寻印象，它就会集中注意力寻找其他红色蜗牛。因此，在这种情况下，黄色的蜗牛就可能逃过一劫。在红色蜗牛数量更多的种群中，黄色蜗牛会更有优势，等到黄色蜗牛变得普遍，其他颜色的蜗牛就会受益。就像一些飞蛾一样，随着时间的推移，物种内部会出现不同的特征并得以扩散，以至于一个物种可能会有几乎数不胜数的颜色类型。叉线海明蜗牛壳上的华丽装饰可能

右页图 叉线海明蜗牛被称为世界上最美丽的蜗牛。它们的体色丰富多彩，这似乎有助于迷惑鸟类捕食者。

会促使捕食者寻找具有相同颜色类型的蜗牛，例如，鲜红色的外壳可能太过醒目，以至于捕食者会忍不住寻找更多鲜红色的蜗牛。

***

在自然界中，不同体表特征的运用往往与动物的行为紧密相连，例如潮池中的变色藻虾会根据体色自行选择合适的栖息地。早在 20 世纪 50 年代，科学家们就指出，一些飞蛾会自行选择降落在不同颜色的树皮上，而且它们倾向于选择那些与自己外表更为匹配的背景。许多不同种类的飞蛾均是如此，体色较深的飞蛾喜欢颜色较深的背景。此外，有着不同颜色类型的同一种飞蛾内部也是如此，例如桦尺蛾，它们有浅色和深色两种类型，浅色的飞蛾喜欢栖息在浅色的树皮上，深色的飞蛾喜欢栖息在深色的树皮上。随着黎明的临近，飞蛾必须开始在树上寻找藏身之处，它们会选择与自己体色相近的树皮。选择正确的着陆点至关重要，因为它们的伪装色只有与背景颜色相似时才会起作用。

有些飞蛾将这种伪装技能发挥到了更精细的程度。在韩国，一种叫作小用克尺蛾的飞蛾看起来就像是其栖身的树皮。当这种飞蛾落在树干上时，它们并非简单地附在上面一动不动，它们有时会拖着步子爬来爬去，直到它们的身体与树皮缝隙融合得天衣无缝。当然，它们只有在必要的时候才会这样移动——如果它们最初的着陆位置碰巧很好，那么它们就会在原地保持不动。

***

鹌鹑有着非常漂亮的卵，卵壳呈深浅不一的白色、黄色或棕色，上面点缀着各种精致的斑点或斑纹。鹌鹑属于在地面筑巢的鸟类，它们不会在树上筑巢，而是在一块空地上产卵。不同的雌鸟所产的卵在形状上并没有显著差异，不过

右页图 枯叶蛱蝶喜欢降落在枯叶上，因为在这种环境中它们的伪装效果最好。

有些卵的颜色可能比其他卵稍微深一些，或者有着更明显或更大的斑纹。鹌鹑的卵虽然看起来类型多样，但同一只雌鸟所产的卵都差不多。

鹌鹑筑巢位置的选择尤为重要，如果某只雌鸟的卵是沙黄色的，那么选择在深棕色的环境中筑巢就是一种错误。如果一只雌鸟的卵颜色较浅而且斑点较小，它就会避免这种情况的发生，而倾向于选择与卵的颜色相似的筑巢地。同样的道理，如果雌鸟产的卵颜色较深、斑点较大，雌鸟就会选择偏深色的环境。通过选择合适的筑巢地，鸟类可以确保自己的卵完美融入当地环境，这样就不太可能被食肉鸟类和吃卵的哺乳动物看到。

上图 鹌鹑的卵看起来类型多样。

背后的科学

仅凭伪装色和图案并不能完全达到伪装效果，动物的行为才是伪装发挥作用的关键。任何选择落在黄色背景上的绿色生物都会非常显眼。伪装色只有在与之相匹配的背景中才有效，而许多生物会采取一系列措施来优化它们的伪装效果。希腊的爱琴海壁蜥会选择待在与自己的独特颜色相匹配的岩石上（筑巢的鹌鹑和飞蛾所采取的策略也是这样）。在有些情况下，动物还需要通过多种行为来完成伪装。各种毛虫会通过弯曲身体来提高与树枝的相似度。众所周知，竹节虫的身体运动会与植物的摆动同步。运动可能会暴露自身，但在错误的时间保持静止也会让自己暴露。如果周围的植物被风吹来吹去，此时保持静止不动就会暴露无遗。所以，在周围的树枝晃动时，竹节虫也会前后摆动身体。

一个关键问题是动物如何做出正确的决定。例如，一只飞蛾或一只鸟是如何知道自身的特定颜色，进而知道应该待在哪里的呢？在很多情况下，科学家们并不确定具体原因，但有以下两种假设。

一种假设是动物可以通过自身视觉系统将体色与周围的环境色进行比较。这可能听起来很有挑战性，不过，许多生物特殊的眼睛位置和开阔的视野意味着它们可以看到自己的一部分身体和周围环境，然后比较两者的颜色相似度。有些蝗虫能够做到这一点，当它们的身体改变颜色后，它们会选择落在与它们的新体色相匹配的背景上。然而，这种做法在飞蛾中似乎并不常见。它们控制外表和控制行为的基因之间似乎存在联系：飞蛾体内控制体色变浅的基因与使这种动物更喜欢浅色背景的基因存在关联。

另一种假设是存在能让鸟类在正确的地方筑巢的机制。许多产

下自带伪装效果的卵的雌性鸟类会在繁殖季和随后的几年里产下几窝卵。一开始，作为新手妈妈，它们可能对自己的卵认知较少，行为相对随意，但是，只要它们产下几窝卵，它们就会积累经验并相应地调整自己的筑巢行为。当雏鸟长大时，成长的环境可能会给它们留下“印记”，所以当它们中的雌性繁殖时，产下的卵通常会与其母亲产下的卵相似，它们也会选择相同的筑巢环境。可以确定的是，鹡鸰等一些鸟类能够学会识别自己的卵，所以虽然这一假设在某种程度上还没有得到证实，但可能至少给出了部分答案。

在赞比亚的旱季，田野和米扬博林地被阳光炙烤，有很多在地面筑巢的鸟正在繁殖。高温是每颗卵中的胚胎所面临的主要威胁，当然，搜寻巢穴的捕食者也是一大威胁。狒狒和长尾黑颚猴总是在寻找没有亲鸟守卫的巢穴。鸟卵于捕食者而言是富含蛋白质的快餐，那些因粗心大意而被抓住的落单成鸟当然也是。从鸥等鸟类通过其敏锐的视觉来探查巢穴附近有无威胁，而猫鼬则在它们的巢穴附近徘徊，伺机侵入。

考虑到有如此多的机会主义者聚集在这个区域，伪装对于筑巢的成鸟及其雏鸟的生存都至关重要，但鸟类进行伪装的方式不尽相同。当危险逼近时，雌性三色鸻会逃离巢穴。它在捕食者还在 10 米开外的时候就溜走，以免让捕食者注意到它的巢穴。如果捕食者继续靠近巢穴，它可能会通过假装受伤或其他方式来分散捕食者的注意力，以保护巢穴的安全。不远处，一只方尾夜鹰静静地待在巢穴里，忍受着旷野上的酷热。即使危险正在逼近，甚至距离它不到 1 米，它仍保持纹丝不动。

三色鸻和方尾夜鹰在面临危险时的策略在其许多同类身上都有所体现。夜鹰通常会紧紧地守护着它们产下的卵。夜鹰成鸟不易被人发现，因为它们的体色与栖息地环境有着惊人的相似度，当野外徒步的人离它们太近时，被惊飞的夜鹰肯定能让毫无防备的人吓一大跳。方尾夜鹰的体色和筑巢地深色的土壤颜色相似，而非洲夜鹰的体表图案与落叶极为相似，当它们躲在枯枝落叶中时，其身体轮廓极难被发现。最令人印象深刻的要数雀斑夜鹰，它们的羽毛好似一块巨大花岗岩的一部分。成年夜鹰及其雏鸟的生存依赖于它们的伪装技巧，相比之下，夜鹰的卵的隐蔽性较差。毕竟，这些卵很少暴露在外，所以它们的卵从伪装中获益甚微。不过，如果捕食者离亲鸟足够近，它们就不得不逃离，鸟卵就可能会被吃掉。相比之下，鸻鸟会更早地逃离巢穴，希望能在捕食者发现附近有巢穴之前逃走。成年鸻鸟的体色与环境色不太匹配，但它们的卵可以很好地融入环境。由于这些卵经常被留在空旷的地方，容易暴露在附近的捕食者面前，因此这些卵需要很好地融入巢穴周边的环境，否则就会被发现。

上图 一只有着伪装色的方尾夜鹰时刻保持警惕。

成年徜鸟和夜鹰的行为与它们及其卵的伪装效果是息息相关的，这进一步体现在它们对筑巢地点的选择上。成年徜鸟选择在能让卵达到最佳伪装效果的地方筑巢。相比之下，夜鹰会选择更适合隐藏自己的筑巢地点。和鹌鹑很像，夜鹰和它们的卵在单个物种内部也表现出了不同的特征：有些个体和它们的卵的颜色更深，还有些则或多或少带有斑点。成鸟的选择反映了它们自己独特的体色或卵的特征。

鸟卵和成鸟之间“缺失的一环”自然是雏鸟。随着雏鸟的成长，它们变得越来越灵活，向离巢穴越来越远的地方探索，所以它们也必须对自己进行伪装，融入栖息地的环境。它们一旦发现危险就会趴着不动，有些物种甚至会在捕食者离开很久之后仍保持一动不动。

在撒哈拉沙漠以南的非洲生活着另一种鸟类——铜翅走徜。这种鸟的雏鸟生活在相对开阔的田野中，周围通常都是一簇簇焦黄的草和深色泥土，而雏鸟看起来也像是一簇焦黄的草：体表为浅黄色，黑色翅尖分外突出。这是脊椎动物试图从体色上模仿环境中的物体的典型案例。

***

在冰岛贫瘠的苔原上，岩石为地衣所覆盖，一只矛隼正在狩猎。它敏锐的视力和敏捷的动作使它成为致命的捕食者。雷鸟是它特别喜欢的捕猎对象，这种中等大小的鸟构成了矛隼五分之四以上的食物来源。相当一部分雷鸟，尤其是雄性雷鸟，通常很难安稳地活过一整年。雷鸟常年处于这种被捕食的风险之下，意味着它们必须有一套行之有效的方法来避免被吃掉。

和许多动物一样，雷鸟在夏天和冬天都会改变体色：在冬天时，其体表呈白色，与皑皑白雪的背景相适应；在夏天时，其体表呈棕色，与岩石和低矮植被的色彩相近。与螃蟹和乌贼等生物不同，鸟类的体色变化不是由它们看到的东西触发的，而是由白昼长度的变化引起的。白昼时间变短意味着冬天即将来临，很快就要到换成白色羽毛的时候了。

改变羽色无疑是适应季节变化明显的环境的一种有效方法，但雄性雷鸟的行为却耐人琢磨：春天来临时，它们的羽色变化会推迟几周，在这段时间内仍保持白色，这一特征使得它们在无雪的环境中非常惹眼。它们这样做旨在吸引雌性，争取交配机会。当然，代价就是被捕食者俘获的风险升高，而且雄性雷鸟在与雌性交配成功后，它们仍然需要几周的时间才能完成体色的改变——要在羽毛颜色如此显眼的情况下存活下来，这段时间算是相当难熬。不过，雄性雷鸟可以通过在泥土和泥浆中洗澡来减少风险，使它们的羽毛颜色与泥土颜色保持一致，这是在等待新羽毛生长时的一种有效隐藏方式。雷鸟的行为方式似乎与它们当下的体貌特征相适应。体表带有棕色斑点的雌鸟会避开积雪较多的地方，当它们误入该区域时就会快速离开。体色与周边环境不匹配的雄鸟也会试图躲在岩石和其他遮蔽物下。

雷鸟并非唯一会随季节更替而改变体色的动物，在北美洲，白靴兔的体色能够在棕色和白色之间转换。它们也面临着巨大的捕食风险，它们不仅容易沦为猛禽的猎物，也常常受到郊狼、灰狼和山猫等走兽的侵袭。对白靴兔而言不幸的是，由于气候变暖，许多地区的积雪覆盖时间正在减少，而它们难以预测这种变化，这意味着白靴兔与它们所处环境的匹配度可能会越来越低，导致它们更容易被吃掉。与雷鸟不同，白靴兔对环境色和自己的体色所知甚少，即使有雪地和裸露的地面可供选择，它们也难以快速地选择最合适的环境藏身。随着气候变化不断加剧，白靴兔的数量可能会锐减。

还有一种非同寻常的哺乳动物——白外叶蝠也会用白色的皮毛进行伪装，它们生活在拉丁美洲的丛林中，是一种体型很小的蝙蝠。其防御体系的运作方式相当不同寻常。在苍翠的森林里，长一身白色的皮毛可能不是明智之举，但

第 228~229 页图 雷鸟在挪威斯瓦尔巴群岛过冬，它们换上的白色羽毛能够与皑皑白雪融为一体。

哺乳动物无法长出绿色的皮毛（与森林颜色最为接近的要数树懒的绿色皮毛，但这是由于它们的体表覆盖着绿色的藻类）。鉴于此，白外叶蝠通常会聚在一起休息，它们会轻轻啃咬叶子，使得叶子两侧垂落下来，形成帐篷状的藏身之所。这顶“帐篷”内充盈着绿色的光，白外叶蝠的身体反射着这种光线，看起来就像是绿色的。这是一种巧妙的藏身方法，即使皮毛的颜色和环境色毫不相同，充分利用光线也可以实现较好的隐蔽效果。

***

有时，伪装可能是相当反直觉的，我们认为耀眼的某些颜色，却可以在自然环境中达到一定的隐蔽效果。除了白外叶蝠之外，还有一些昆虫也精于此道，它们通常呈现出惹眼的蓝色和绿色，在阳光下闪闪发光。它们体表的特定色调是可以改变的，自带的虹彩源于身体结构，它们身体上的细微结构以不同的方式排列，光线与这些结构相互作用。其中，体色最为艳丽的是吉丁虫。吉丁虫的种类超过 15 000 种，许多吉丁虫的身体都闪耀着金属光泽，它们的体色会随着光线照射角度和观察角度的变化而变化。似乎很难想象，它们有着耀眼体色其实是为了更好地藏身，但我们平时看到的吉丁虫大多是博物馆中所陈列的标本，通常没有环境的衬托，无法呈现出这一点。在自然环境中，它们常常能够融入环境，不会很显眼。

吉丁虫和其他色彩斑斓的昆虫之所以能够利用体色藏身，是因为它们的体色虽然大多为绿色（尽管是鲜亮的绿色），但也可以呈现出蓝色、紫色和其他颜色。然而，让科学家们感到困惑的问题是，虹彩色本身是否能够迷惑捕食者。答案似乎是肯定的。带有虹彩色的甲虫比哑光色的甲虫或亮绿色的甲虫更不容易被鸟类看到。虹彩色起作用的具体原因尚不清楚，但有一种假设是虹彩色“欺骗”了捕食者的大脑，干扰了它们的搜寻活动。捕食者的眼睛一开始可能会被

右页图 · 上 这是一只生活在巴西的吉丁虫，其体表的虹彩色可能有助于它融入周围的环境。
右页图 · 下 蓝闪蝶在飞行时，色彩绚丽的翅膀可以帮助其躲过捕食者的攻击。

一种明亮的颜色吸引，比如带有金属光泽的蓝色，但当捕食者靠近时，昆虫的体色就会改变——可能变成绿色，而捕食者就找不到它一直在寻找的蓝色物体了。

维多利亚时代的博物学家提出了一些与之相似的理论来解释蝴蝶的虹彩色，其中包括南美洲一些有着明亮体色的闪蝶。它们在森林中飞舞，在阳光下耀眼夺目，随着蝴蝶的移动，体色会发生变化。科学家们还发现，鸟类很难追踪泛着虹彩色的、正在移动的小动物。由于某些原因，变化的颜色能够使捕食者的追踪技能失灵，当它们攻击时，经常会错失原来锁定的目标。

***

有这样一种神秘的动物，它们的体色几百年来一直都是一个谜，关于其外表的假说就有几十种之多，这种动物就是斑马。人们在辽阔的非洲大草原上发现了这些动物，它们是狮子和鬣狗等食肉动物的美餐。

关于斑马引人注目的黑白条纹的假说，主要集中在这些条纹是如何在交配或识别个体的过程中发挥作用的；毕竟，每匹斑马都有自己的图案。这些黑白条纹甚至可能是很好的警示信号，向捕食者彰显自身强健的体魄和强大的踢力，任何追赶自己的狮子或其他动物都应该小心避让。然而，这些假说都没有得到较多支持。还有一种说法称，黑白条纹可以在动物体表上方形成气流旋涡，在高温下能起到降温的作用。这一观点得到了一些支持，但这似乎并非斑马形成这种与众不同的体色的主要原因。

某种假说认为，斑马体表的黑白条纹发挥着伪装作用——如果它们生活在树木较多的地方。乍一看，这似乎不太说得通——任何在野外看到斑马的人都知道它们有多么显眼，而且它们的主要栖息地并不是森林，但事情可能并非如此简单。狮子不像我们人类一样能清楚地分辨这么多种颜色，且它们经常在黄昏时分狩猎。也许，斑马体表的黑白条纹在黄昏时能够较好地融入环境，且有些斑纹能够破坏身体轮廓。然而，该假说也没有获得什么有力的支持。还有一种假说是，这种条纹可能会干扰捕食者对运动中的物体的定位，这一点和虹彩色所起的作用类似，即容易使攻击者眼花缭乱，令其对猎物逃跑的方向和速度做出错误判断，从而错过攻击的最佳时机。当捕食者试图追捕一群斑马时，这一假说可能特别适用，因为快速移动的黑白条纹会使得捕食者目不暇接。在某些情况下，这种假说得到了一些支持，例如，这可以对一些蛇身上的纹路给出合理的解释。这一假说似乎能够解释斑马为何有条纹，但显而易见，要在狮子和斑马身上验证这一假说是相当棘手的。

后来，生物学家们经过研究后，发现斑马面临着另一个主要威胁，它们常常会受到采采蝇等吸血昆虫的侵袭。这些体型较大的吸血昆虫不仅令人讨厌，

上图 在肯尼亚马赛马拉国家保护区，狮子正在观察斑马群——但是斑马的黑白条纹真的能干扰捕食者吗?

而且还传播各种危险的疾病，它们是对斑马生命健康的较大威胁。由于某些原因，斑马的皮肤比其他种类的马更薄，它们一旦被咬，后果可能更加严重。这可能就是答案所在。采采蝇和其他吸血蝇类往往会避免落在有黑白条纹的物体上。其中的原因尚不清楚，但有一种解释是，当吸血昆虫接近斑马时，它们的视觉系统被条纹的相对运动所“欺骗”，因此吸血昆虫要么无法准确接近目标，要么直接避免落在它们身上。虽然关于斑马条纹的谜底还没有完全揭开，但从目前的研究来看，它们身上的黑白条纹更有可能是为了干扰吸血昆虫而非狮子。

***

我们通常会认为伪装是专属于动物的生存本领，但这并不完全正确。在中国云南省高海拔地区的山坡上，自然环境相当复杂。这里地势开阔，山坡通常是陡峭的碎石斜坡，由各种颜色的石块组成。在一些地方，石块大多是浅灰色的，而在其他一些地方，石块可能是深灰色或红棕色的。这里生长着各种不同寻常的植物，包括半荷包紫堇，它的叶子具有很好的伪装效果。这种植物的叶子呈圆形或椭圆形，颜色有时呈红棕色或浅灰色，叶子的颜色甚至形状基本都与当地石块相近。各个地区的植物种群被陡峭的山坡隔开，每个种群在相对隔绝的环境中进化，各自形成了独特的伪装色。这种伪装方法在应对食草动物时很有效，尤其是在躲避阿波罗绢蝶方面。阿波罗绢蝶会在这些植物上产卵，将其作为幼虫的食物。阿波罗绢蝶通常能很好地感知颜色，在灰色或红棕色的碎石斜坡上，绿色的宿主植物在它们眼中就像灯塔一样突出，而且这里几乎没有其他植物可以提供掩护。通过模仿石块的颜色，这些植物就可以融入环境。它们还会推迟开花，直到阿波罗绢蝶产完卵才会开花吸引蜜蜂。那些更容易被当作宿主的植物，进化出了更好的伪装技巧来应对这种情况。

改变叶子颜色可能会让植物付出重大代价，因为植物的绿色来自叶绿素，而后者是进行光合作用的必要条件。也许正是因为这一点，自带伪装色的植物在自然界中并不常见——也或许是因为直到最近我们才真正开始寻找它们。不过，的确还有别的例子。例如，南非的生石花会伪装成石头。它们的颜色看起来非常匹配当地的环境，其目的很可能是为了避免被食草动物吃掉。此外，不仅仅是已长成的植物体能够伪装，生长于美国加利福尼亚的一些植物的种子，如百脉根的种子，也能够与当地土壤的颜色相匹配。在这些植物生长的地方，土壤的颜色不尽相同，有的是灰色，有的是棕色，而植物种子的颜色也与土壤颜色相似，以降低被鸟类吃掉的风险。科学家们发现了越来越多能够伪装的植物，它们并非我们通常认为的那种植物——有着绿色的叶子、只会利用花朵的颜色来吸引传粉者的那种植物。

上图 纳米比亚沙漠中的生石花很容易被饥饿的食草动物误认为是不可食用的石头。

***

伪装能使生物在广阔的栖息地中不易被注意到。从鲨鱼的发光消影策略到青蛙和章鱼的透明身体，动物使用的伪装方法多种多样，而且往往也很巧妙。它们的外表通常可以变化，能够适应不同环境和季节。动物的体色会随着栖息地环境的变化而变化，或者随着它们的移动而变化。动物的行为模式也会影响它们的隐蔽策略，从鸟类到飞蛾，各种生物都知道自己应该待在哪里，甚至知道哪些姿势更能隐藏自己。在某种程度上，伪装的终极目标是制造错觉——让其他动物以为面前的猎物根本不存在，或者将其误认为是完全不同的东西。然而，“欺骗”较之于伪装更为常见，自然界中各种各样的“欺骗”者比比皆是。

第六章

骗术

在马来西亚的森林里，一只蜜蜂正围着一朵“花”嗡嗡打转，考虑是否要落下。这朵“花”像灯塔一样熠熠生辉，明亮的粉白色“花朵”和深绿色的叶子交相辉映，吸引着从四面八方飞来的传粉者。但是，这朵“花”并不寻常，它根本就不是植物，而是一种昆虫——兰花螳螂。蜜蜂落在它身上，就等于走向死亡。兰花螳螂会用它的前足奋力一击，而后开始饱餐一顿。

讲到这里，不难看出兰花螳螂名字的来源，它们的高超骗术堪称大自然的奇迹。这种昆虫的颜色和身体形状都像花，尤其是它们形状复杂的步肢：看起来就像花瓣，颜色甚至比真花的花瓣更鲜亮、更生动。兰花螳螂能够强化伪装效果，这种诱惑对于授粉昆虫而言几乎难以抗拒，它们被引诱到近旁，而迎接它们的是兰花螳螂的致命一击。

兰花螳螂进化出这种模仿能力是为了获得更多的食物。如果不是这样，它们就只能依靠偶然靠近的昆虫生存了。通过模仿花朵（或许还比花朵更加鲜亮），兰花螳螂的胜算就大大增加了。毫无疑问，对所有生物而言，生存都是充满挑战的。觅食、吸引配偶和避免被吃掉的过程都会耗费时间和精力，这反映了风险与回报之间的微妙平衡。那些在生存游戏中表现出色的动物，可能都进化出了某些技巧。其中一种技巧是欺骗，有时这种技巧相当有效。在自然界中，欺骗司空见惯，而且方式千奇百怪。一方面，为了觅食，动物凭借骗术可以从别的动物鼻子底下偷食物，也可以引诱猎物走入自己的死亡陷阱。另一方面，许多动物使用骗术来保命，包括欺骗潜在的敌人，让它们知道自己根本不值得攻击，甚至假装自己有害。而且，由于所有生物最终都受本能驱使，致力于繁殖和传递自己的基因，因此，在寻找配偶和抚养后代的问题上，欺骗现象更加普遍。

***

我们很多人都知道，被胡蜂蜇到实在不好受，因此只要被蜇过一次就会小心提防。胡蜂体表的黄色和黑色条纹就是一个明确的警示信号，这些颜色传达了真实的信息：最好避开胡蜂的防御体系。由此，胡蜂可以避免受到攻击，而捕食者（或人类）可以避免被蜇。然而，自然界中这种可信的交流系统往往被其他生物娴熟利用。

在夏季，任何一个公园或花园中都可能有大量的食蚜蝇飞来飞去，表演着

右页图 马来西亚的一只兰花螳螂假扮成一朵亮粉色的花，引诱猎物走入死亡陷阱。

空中杂技。这些无毒的食蚜蝇是重要的传粉者，在生态系统中扮演着一些重要的角色。它们如果没有防御技能，就很容易受到攻击，尤其是来自鸟类的攻击。因此，各种各样的食蚜蝇逐渐进化，学会用黄色、橙色和黑色图案来装饰自己，营造出会蜇人的假象。在某些情况下，这种骗术可能会带来非常逼真的效果。熊蜂蚜蝇会模仿成熊蜂的样子，但它们模仿的并非任意一种熊蜂。熊蜂蚜蝇主要有两种颜色类型：一种模仿白尾熊蜂，另一种模仿红尾熊蜂。这种欺骗手段非常高明，它们甚至还会模仿蜜蜂的嗡嗡声。如果你用手抓住一只躁动不安的熊蜂蚜蝇，它就会发出令人烦躁的嗡嗡声。

这些动物和其他许多生物都是贝氏拟态的例子。贝氏拟态这一名词是以维多利亚时代著名的博物学家、探险家亨利・沃尔特・贝茨命名的。贝茨在亚马孙雨林中旅行时发现，许多完全无毒的蝴蝶并不会受到鸟类的攻击，因为它们的翅膀颜色和有毒蝴蝶相似，二者甚至有同样的飞行方式。通过模仿其他生物

上图 这不是熊蜂，而是技艺高超的模仿者：熊蜂蚜蝇。

的警示信号，这些蝴蝶会让捕食者无法确定是否值得发动攻击，从而为自己提供保护。在达尔文发表《物种起源》之后不久，贝茨也公开了这一发现，为自然界中的自然选择提供了明确的支持证据，这让达尔文十分欣慰。

并非所有食蚜蝇都会模仿熊蜂。黑带蜂蚜蝇是英国体型最大、最令人印象深刻的食蚜蝇之一——仅其硕大的体型就令人印象深刻了，它们的体表分布着明亮的棕黄色和黑色的条纹，它们与英国本土的一种胡蜂非常相似。此外，食蚜蝇并非都是模仿高手。例如，长尾管蚜蝇和蜜蜂长得几乎一模一样，而黑带食蚜蝇只模仿了胡蜂的黄色和黑色条纹。长期以来，这些所谓的“不完美拟态”现象的存在一直困扰着生物学家。

背后的科学

除了食蚜蝇之外，还有很多种昆虫为了保护自己而模仿胡蜂和蜜蜂。其中一些昆虫的模仿水平有时几乎令人难以置信，例如嗡透翅蛾的体色、形态，甚至透明的翅膀都与胡蜂非常接近，人们往往要反复观察才能看穿它们的伪装。但是，也有一些昆虫的伪装水平并不高，例如蜂形虎天牛虽然像许多会蜇人的昆虫一样，体表有黄色和黑色斑点，但它们的伪装并不细致。为什么不同昆虫的伪装水平会存在这样的差异呢？

针对不完美拟态，我们有几种解释。最简单的解释是，某些动物的进化时间较短，无暇调整自身的体色和形态以更接近它们所模仿的动物。生理因素也可能限制了动物提升伪装水平的空间。例如，蜂形虎天牛的形态可能有其生理意义，一味模仿胡蜂的形态会损害其重要功能，如运动能力和识别自己同类的能力。就许多种食蚜蝇而言，人们并不清楚它们在模仿哪些特定种类的带刺昆虫；事实上，它们的装扮可能更像是“万金油”，让自己看起来像蜜蜂或胡蜂，但并不与任何特定物种完全相同。如此一来，食蚜蝇周围就会一直有各种能为其提供掩护的昆虫，然而，如果它们只模仿某个特定的物种，那么一旦该物种因为某种原因而消失，食蚜蝇的防御体系可能就会失效。

还存在一些说法不同的解释。其中一种解释是，如果某个动物更容易被捕食者攻击，它就需要有更强的模仿能力。例如，一只肥美多汁的食蚜蝇显然比一只骨瘦如柴的更加美味，因此更容易被攻击，而且可以肯定的是，当食蚜蝇体型较大时，它们的模仿水平更高。体型较大的食蚜蝇更容易被攻击，所以必须在防御上投入更多。此外，被攻击的风险还取决于被模仿动物的危险程度。例如，胡蜂有着毒性很强的螫针，性情凶猛，相比之下，蜜蜂的螫针毒性较小，而且它们一般不会主动攻击，因此危险程度更低。如果食蚜蝇和其他生物所模仿的那种动物更危险，那么它们不必模仿得非常逼真就可以避免被攻击——因为捕食者根本不敢拿它们碰运气。

采取贝氏拟态策略的动物的体色并不总引人注目，当它们模仿的动物不甚惹眼时就更是如此。然而，它们的模仿效果也同样令人印象深刻。无论是就种类还是就个体数量而言，蚂蚁均是地球上最多的生物之一。它们惊人的多样性和生存方式，尤其是高度社会化的生活，使它们在世界上大多数地方都开拓了家园。它们的繁荣还得益于良好的防御能力，它们的上颚强大有力，性情凶猛，有时还能喷射蚁酸。除了食蚁兽和绿啄木鸟等动物，大多数捕食者都不会将它们加入“菜单”。

因此，模仿蚂蚁就能屏退大量捕食者，而许多跳蛛正是采用了这种方法。它们的身体为细长形，呈闪亮的黑色或黄色，腹部形状也和蚂蚁的相似。它们走路时的样子也很像蚂蚁，把前腿放在头的前面，就像一对触角。跳蛛科下的蚁蛛属可能包含超过 100 个物种，该属的大部分成员都会模仿蚂蚁。它们这样做主要不是为了躲避鸟类等脊椎动物，而是为了避开其他蜘蛛。跳蛛是出了名的捕食者，有着极其敏锐的视觉，对颜色和细节的辨别能力极佳。它们会蹑手蹑脚地靠近猎物，当距离足够近时，就会猛扑过去。在许多方面，它们都堪称无脊椎动物世界中的“老虎”，不过它们有着更加出色的色觉和更广阔的视野。许多跳蛛都喜欢以其他蜘蛛为食，包括其他跳蛛。科学家们已经证实，通过模仿蚂蚁的体色和形态，那些通常来说会受到攻击的蜘蛛就可以让它们的捕食者避之不及。有时这种拟态的效果相当惊人，甚至会出现整群蜘蛛集体模仿蚂蚁的情况。例如，非洲中部的黑足蚁蛛过着群居生活，一般以 10~50 只为一群，在行为上与一群蚂蚁无异。这使得这些蜘蛛能够获得食物并确保自身安全，生存状况比一只蜘蛛独居要好得多。

通过模仿其他动物的体色来保护自己往往是无脊椎动物的强项，但也有一些例外。在秘鲁的森林里生活着一种栗翅斑伞鸟，这种鸟的成鸟体色呈灰色，非常暗淡，但雏鸟却大不相同。

左页图 这只食蚜蝇看起来像一只胡蜂或蜜蜂。它模仿那些带刺昆虫身上醒目的黑色和黄色条纹。通过模仿更危险昆虫的颜色，这种无毒的食蚜蝇得以避开捕食者的攻击。

本页图 · 上 一些跳蛛会通过模仿蚂蚁来保护自己免受其他捕食性蜘蛛的伤害，比如这只生活在马达加斯加东北地区的跳蛛。
本页图 · 下 在斯里兰卡，一只模仿蚂蚁的蜘蛛待在一群黄猄蚁所在叶子的背面。

鸟巢里的雏鸟有着鲜艳的橙色羽毛，体表散布着黑色的斑点，且羽毛尖端为白色。它们与当地毛茸茸的有毒毛虫有着惊人的相似之处。当受到威胁时，雏鸟会蜷缩身子，像蠕动的毛虫一样摆动身体。只有当亲鸟带着食物过来并发出它们熟悉的叫声时，雏鸟才会恢复原来的样子，看起来像真正的小鸟。它们的鸟巢经常遭到侵袭，因此，它们进化出了这种独特的防御系统，用来震慑通常会被有毒的大型毛虫吓退的捕食者。

***

在哥斯达黎加热带雨林阴暗的林下层中，树上有一只“眼睛”在窥探。深色的“瞳孔”反射着亮光，“瞳孔”周围是一圈明亮的黄色“虹膜”——这肯定是猛禽的眼睛，比如猫头鹰或鹰。其实，这是猫头鹰环蝶的眼斑。

在昏暗的环境中，在蝴蝶暗淡翅膀的映衬下，这种眼斑与猛禽的眼睛有着极高的相似度。为什么会这样呢？答案是为了防御。体型较大的猫头鹰环蝶是森林里各种鸟类和爬行动物的美餐，所以，有什么比让捕食者把自己当成天敌更好的防身术呢？在昏暗的森林中，鸟类会提防那些盯着自己的明亮眼睛。尽管远离这只“眼睛”可能意味着失去一顿美餐，但如果对方是真正的捕食者，就可能会让自己失去性命。还是小心为妙。

猫头鹰环蝶在休息的时候基本上都会展示自己的眼斑。当猫头鹰环蝶停在树干或森林地面上时，它的翅膀是闭合的，眼斑刚好展示出来。这种防御机制发挥作用的方法可能是从一开始就减少捕食者接近自己的机会。相比之下，蓝目天蛾在树上休息时，它会藏起后翅，而前翅看起来和树枝、树干一模一样。如果有其他生物靠近，特别是被捕食者触碰时，蓝目天蛾就会张开翅膀，露出后翅上两个令人印象深刻的彩色斑点，并抖动翅膀让斑点闪烁起来。这是一个相当有震慑性的警示信号。对于蓝目天蛾的红色和蓝色斑纹如何能有效地模仿

真实的眼睛，人们可能会有不同的看法。实际上，如果捕食者，比如一只知更鸟，突然被两个明亮的圆点“瞪视”，它可能会坚持安全第一，立刻飞走。

眼斑在自然界中的动物身上很常见，特别是在蝴蝶、飞蛾和鱼类身上。孔雀蛱蝶是另一个令人印象深刻的例子。它们每个华丽的翅膀上都有一个由红、蓝、黄、黑色斑纹组成的眼斑。受到攻击时，它们会反复地开合翅膀，展示上面的斑点，这些斑点能够非常有效地保护它们。研究表明，在半个小时或更长的时间里，鸟类会多次飞下来攻击孔雀蛱蝶，但每次都会受惊飞走，最终放弃。这种蝴蝶对眼睛的模仿其实并不细致——毕竟，没有多少捕食者的眼睛是蓝色和红色的，也很少有各个彩色区域分布不对称的眼睛，但不断闪烁的明亮色彩和图案似乎足以吓走任何小型鸟类。

蝴蝶和飞蛾的幼虫也会采用某种骗术。例如，在中美洲和南美洲的热带雨林中，你会发现一种天蛾的幼虫——赫摩里奥普雷斯毛虫。起初，它似乎是无害的，但当受到威胁时，它会直立起来，展示它的身体尾部，同时改变尾部形状，形成一个有两只假眼睛的三角形。它的体型可能很小，但在形状和动作上与毒蛇极为相似。据说这种毛虫有时会冲向威胁者，假装要攻击，真是令人震惊。贝茨在亚马孙雨林收集昆虫时曾发现过这种毛虫，他把它带回了他所住的村庄，然后向住在那里的人们展示了这种毛虫的防御方式，提醒他们多加小心。

许多种毛虫似乎都会模仿蛇，包括某些凤蝶的幼虫。通常情况下，凤蝶的幼虫并不是简单地模仿任意一种蛇，而是表现出与蝰蛇更相似的姿势和形状。虽然毛虫与大多数蛇相比都非常小，但在其他动物眼里，幼蛇有时也具有攻击能力，而且无论如何，它们都不值得捕食者冒险。因此，捕食者最好去找别的东西来填饱肚子。

偶尔，眼斑也会出现在不寻常的地方。纳特竖蟾是一种原产于南美洲的小型蛙类，它们的伪装效果很好，看起来似乎是一种无害的食物。然而，当受到

左页图 在哥斯达黎加阴暗的热带雨林中，一只小鸟可能会把猫头鹰环蝶的眼斑错当成捕食者的眼睛。

威胁时，它们的身体会膨胀起来，身体后部露出一对巨大的、有一圈黄边的黑色“眼睛”。它们传达的信息很明显：“不要吃我，我比你想象的要大。”如果捕食者无视警告，仍想碰碰运气，它们就会采用备选方案：喷射毒素。

当我们提及鸟类的眼斑时，我们可能会想到一些动物，比如著名的孔雀，雄性孔雀会用它们华丽的尾巴吸引配偶。除了孔雀之外，南美洲的日鳽也会展开翅膀，露出眼斑，但它们没有一排排颜色艳丽的眼斑，只有两个橙色、黑色的大斑点，不过这也同样令人吃惊。这些斑点可以在求偶期间用来吸引配偶，也可以在鸟巢受到威胁时用来吓跑潜在的捕食者。

***

在自然界中，眼斑不仅仅可以用来吓唬和威慑潜在的捕食者，也可以将攻击转移到不那么重要的部位。阿芬眼蝶的翅膀上排列着一个个小眼斑，眼斑中心是一个显眼的白点，白点外面的一圈像是一个黑色瞳孔，最外面的一圈像是白色或黄色的虹膜。捕食者经常啄或咬猎物身上特征明显的部位，就像瞄准特定的目标一样。通过在靠近翅膀边缘的地方点缀一排斑点，阿芬眼蝶可以诱使捕食者攻击翅膀的边缘，而不是更重要的身体部位。这样一来，捕食者的攻击可能会让蝴蝶损失一小块翅膀，但许多蝴蝶在这种情况下仍然可以飞行。事实上，随着夏天的到来，我们经常会发现一些“狼狈不堪”的蝴蝶，其中一些蝴蝶的翅膀上有“V”形缺口，那可能是鸟类留下的。

沿着翅膀边缘点缀成排的斑点是转移攻击的一种方式，而有些蝴蝶的技艺更加高超，它们会把欺骗效果提升到另一个层次。一只线灰蝶正落在一株植物的茎上，它的身体朝上，触角伸在前面，至少看起来是这样。事实上，恰恰相反。这种蝴蝶的后端有一对小小的假眼睛，“触角”实际上是后翅的尾状突起。它的身体是朝下的，时刻准备好在捕食者攻击假头时飞走。这是一种狡猾的策

右页图 · 上　北美凤尾蝶幼虫和阿芬眼蝶身上的眼斑可以转移或阻止捕食者的攻击，帮助它们存活下来。
右页图 · 下　纳特竖蟾将身体膨胀起来并露出两个黑色的眼斑，看起来完全不是什么诱人的食物。

略，因为鸟类经常攻击昆虫的头部，部分原因是为了使它们失去行动能力，另一部分原因是如果被攻击的昆虫还能飞走，那么捕食者仍然可能抓住猎物的身体后部。

眼斑也广泛存在于鱼类身上，而且经常出现在它们的身体后部。这些眼斑似乎也能迷惑捕食者，捕食者会误将鱼身上的眼斑当作攻击目标，但当鱼向前游动时，捕食者便错过目标了。生活在印度洋－太平洋海域珊瑚礁中的安邦雀鲷幼鱼被各种捕食者视为美味的食物。作为一种防御手段，它们黄色的背鳍后部点缀着一个有白圈的黑色眼斑，看上去就像一只眼睛。有趣的是，在一个充满捕食者的环境中逐渐长大的安邦雀鲷幼鱼，它们的眼斑比那些生活在相对安全的环境中的鱼更大。不知何故，这种鱼能够感知环境中的危险，并在更危险的情况下发展出更有效的防御体系。最有可能的是，眼斑通过欺骗捕食者（通

上图 许多鱼的鳍上都有眼斑，就像这只安邦雀鲷。

常是其他鱼类）而起作用，让它们以为猎物是面向另一个方向的，并在猎物逃跑时攻击错误的位置。为了增强这种错觉，安邦雀鲷的眼斑变得更大，眼睛则更小，因此捕食者将眼斑所在的区域当成头部的可能性大大增加。

转移攻击目标并不总是通过圆形的眼斑来实现的。许多蜥蜴都有一个奇怪的特征，那就是它们的尾巴和身体其他部分的颜色不同。在许多情况下，虽然蜥蜴本身伪装得很好，但它们的尾巴却是亮蓝色或另一种鲜艳的颜色。就像眼斑一样，尾巴可以将攻击转移到相对可牺牲的身体部位。当被抓住时，如果需要，许多蜥蜴都可以自断其尾，从而获得逃脱机会，而捕食者则被色彩鲜艳、有时还在扭动的尾巴分散了注意力。这些蜥蜴的尾部存在断尾点，尾巴可从这里断裂，使得身体其他部位受到的伤害最小化。鲜艳的尾巴有助于吸引捕食者的注意，让它们集中攻击这一部分，确保蜥蜴能够顺利逃跑。

明亮的尾巴颜色在幼体身上很常见，它们比成体遭受攻击的风险更高。年幼的石龙子会用华丽的尾巴作为防御工具，例如五线石龙子，这是在美国东部和加拿大常见的一种蜥蜴，它们有闪着金属光泽的蓝色尾巴，在它们生活的布满碎石、生长着一些树木的环境中十分醒目，鲜艳的尾巴与它们布满黄色竖纹的黑色身体形成了强烈的对比，不过成体身上没有这样的特征。随着石龙子发育成熟，它们尾巴的颜色变得越来越不显眼。成体遭遇危险的可能性较小，而且成体失去一条尾巴的代价很高。事实上，尾巴是储存脂肪的宝库，高达50% 的脂肪都储存在尾巴里。因此，对于幼体而言，为了保命，断尾是值得付出的代价，而对于成体而言，它们受到攻击的风险较低，一般不需要断尾。

***

骗术不仅可用于防御，在进攻中也很有价值。在黑暗的大西洋深处，距离海面 1 000 米的地方，一条鮟鱇鱼正在等待美食。它巨大的嘴里长着一排排锋

利的牙齿，随时准备攻击任何靠近它的生物。其实，这种捕食者并不是被动地等待食物进入它的领地，它其实有一种积极的捕鱼方式。

在这片黑暗中，动物能看到的只有一盏蓝色小灯在发光、摆动。一条小鱼被吸引过来——也许把光亮当成了深海罕见的食物？这条鱼靠近了，然后就消失在了鮟鱇鱼的巨嘴之中。在更明亮的光线下，这种骗术便无所遁形：在鮟鱇鱼的身体上方，一条特化的背鳍延伸到它的头部前面。那是一个“鱼竿”，末端是一个小器官，里面容纳着能够发光的共生细菌。这种方法非常有效，可以让鮟鱇鱼“守株待兔”，而不必在广阔的深海中苦苦搜寻。被吸引而来的猎物可能只是出于单纯的好奇，想要对那些吸引注意力、强烈刺激视觉系统的事物一探究竟；它也有可能将诱饵当成了食物，结果完全被愚弄了，自己变成了食物。不管怎样，它都是一场致命骗局的受害者。

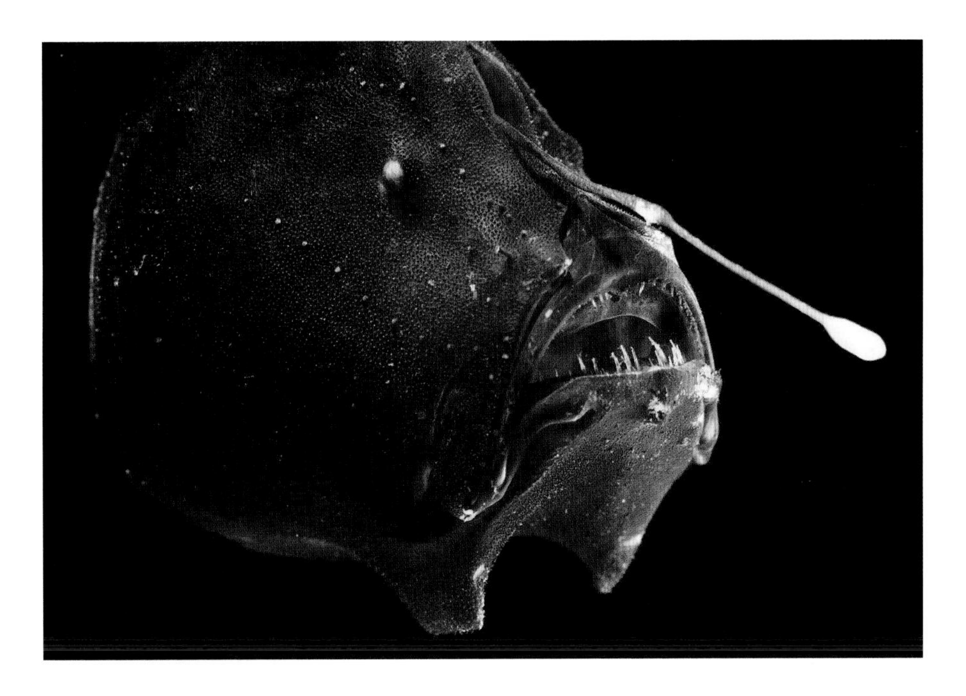

上图 寻找猎物需要时间，没有比通过发光的“鱼竿”引诱猎物更好的狩猎方式了。这只生活在大西洋的深海鮟鱇就深谙此道。
左页图 捕食者可能会被五线石龙子可断的蓝尾巴吸引，而错过这一猎物。

***

在澳大利亚的春天，乡村开满了五彩缤纷的花朵。一只白色蟹蛛正趴在一朵白雏菊上，等待一顿美餐。在我们看来，这只蜘蛛和花朵非常相像，它巧妙地将自己隐藏在花瓣之上。我们也许会认为，蟹蛛是为了伏击自己的猎物，好让食蚜蝇和蜜蜂等传粉昆虫无法发现潜在的威胁，落在自己所在的花朵上……但事实并非全然如此。

在紫外线的照射下，蟹蛛会反射紫外线，而花瓣则会吸收紫外线，蟹蛛很难有效地把自己隐藏起来，因为许多传粉昆虫能清楚地看到紫外线。然而，这正是蟹蛛的意图。食蚜蝇和蜜蜂容易被紫外线图案吸引，特别是那些与花有关的。紫外线图案在异花传粉的植物中很常见，许多花都有这种图案，称为花蜜向导，能把传粉者引到它们的中心。紫外线图案就像小“着陆灯”，告诉蜜蜂在哪里着陆。通过充当“着陆灯”，蟹蛛利用在空中飞行的猎物的这种倾向，积极地将受害者直接引诱到它的身边。虽然蟹蛛的形状与真正的花朵并不相似，但在昆虫的眼里，远处的景象非常模糊，而且它们还被收集花粉和花蜜的强烈欲望所蒙蔽，所以伪装起作用了。事实上，与没有蟹蛛的花朵相比，有蟹蛛的花朵更能吸引蜜蜂。

然而，这并非故事的结局。在光谱的其他部分，蟹蛛确实能够与花朵的颜色相匹配。经过几天的时间，它可以将色素转移到外骨骼的外部，将体色从白色变为黄色，以更好地匹配它目前居住的花朵类型。蟹蛛如果太引人注目，就会面临很多危险，因为它也可能成为其他动物的腹中餐，尤其是目光敏锐的鸟类。虽然鸟类也能看到紫外线，但蟹蛛通过与花朵的颜色相匹配，可以降低被那些它不打算吸引的生物发现的风险。

出于某种原因，生活在欧洲的某些蟹蛛并不使用这种紫外线骗术来引诱它

右页图　在我们看来，白色蟹蛛在白花上伪装得很完美，但科学家们现在意识到，这种捕食者的捕食策略不仅仅是隐藏。传粉昆虫可以看到紫外线，会被蟹蛛身上显眼的紫外线图案所吸引。凭借紫外线图案，蟹蛛可以吸引更多的昆虫落在花朵上。

们的猎物。不过，它们确实会进行伪装，在视觉上与花朵高度相似。欧洲的传粉者并不懂澳大利亚那些蟹蛛的把戏，因此，从欧洲引进的蜜蜂很容易上后者的当。相比之下，澳大利亚本土的蜜蜂则更加小心翼翼，它们不愿降落在有明亮紫外线斑点的花朵上，即使它们一开始也被远远地吸引了过来。它们陷入了与蟹蛛的进化竞赛中，虽然被紫外线图案吸引，但也学会了识破蟹蛛的把戏。

蟹蛛绝不是唯一用特殊颜色吸引猎物的蜘蛛。许多圆蛛都会做类似的事情，利用它们的体色和在蛛网上添加的“装饰”引诱昆虫。

我们可能很容易认为，蛛网几乎是不可见的，或者至少是不显眼的，所以在空中飞行的各种各样的猎物会不知不觉地撞到网上。但事实往往并非如此。许多蜘蛛会在它们的网上添加丝结构，使网更显眼。这些装饰经常在紫外线下发出强光，通常排列成一个“十”字或一条条线，向下或斜着穿过蛛网。生活在英国南部的横纹金蛛是一种美丽而相对少见的生物，腹部分布着黄色和黑色的条纹。它们有时会在蛛网的中心织出“之”字形的图案。如果这样做的目的是让蛛网不被猎物发现，那么这看起来就很愚蠢了，但实际上，许多结网的蜘

蛛并没有躲藏，而是大大方方地待在它们的网中央。如果它们的目标是不让猎物发现蛛网和自己，那么这一切就说不通了。

其实，这种能反射紫外线的丝结构的作用与澳大利亚那些蟹蛛的紫外线图案的作用很相似。昆虫被吸引到它们身边，本能地想更仔细地观察发光的紫外线条纹。这样一来，它们就会降落到蛛网上，迎接灭亡。世界各地的许多蜘蛛都会在蛛网上添加装饰物，有时是横跨整个蛛网的、非常显眼的较大图案。在科学家小心翼翼地将蛛网上的装饰物移除，或减少它们反射的紫外线之后，蛛网捕获的猎物就会减少。

但是身体的颜色有什么作用呢？人们可能会认为横纹金蛛体色的作用类似于食蚜蝇或蜂形虎天牛体色的作用，是为了吓唬潜在的捕食者。这也许是对的，但就许多蜘蛛而言，情况似乎并非如此。更常见的是，体色是吸引猎物的另一种手段，明亮的斑纹会将它们引入陷阱。科学家们还不确定这些斑纹是如何起作用的，但他们猜测，它们利用了一种常见的吸引力，即猎物会被色彩丰富和

上图 这只蟹蛛完美融入了它所在的花朵，等待猎物送上门来。
左页图 在英国，一只雌性横纹金蛛用“之”字形图案点缀蛛网，以吸引飞虫。

大体上呈花朵状的物体所吸引，从而引诱猎物靠近自己。当科学家们将蜘蛛身上的斑纹涂上颜色，或者把蜘蛛从蛛网的中心移走时，蛛网的捕获率就会下降。因此，蜘蛛本身的存在有助于提高捕获率。不幸的是，代价就是它们有时也会吸引捕食者，例如胡蜂和鸟类等。大自然充满了利弊权衡。

背后的科学

在自然界中，骗术司空见惯，其形式五花八门。一种方法是欺骗一个正在观察某个物体的动物，让它以为那里什么都没有，或者将猎物错认为其他东西。例如，东南亚的枯叶蛱蝶会伪装成一片枯叶，就藏在捕食者眼皮底下。除了隐蔽自身，把自己完全伪装成别的动物是一种普遍的策略。为了生存，许多昆虫会模仿蜜蜂或胡蜂，例如食蚜蝇并没有躲避潜在的捕食者，而是选择欺骗它们，让它们将食蚜蝇视为一种完全不同的昆虫——捕食者看到了食蚜蝇，却把它归类为其他动物。作为发起攻击的一方，捕食者通常会伪装成无害的生物，甚至是环境的一部分，以便充分接近猎物并发动攻击，就像兰花螳螂一样。

有些动物会充分利用感官系统起作用的方式和许多生物表现出的刻板行为。例如，一个捕食者可能会展现出非常显眼而多彩的图案，强烈刺激猎物的视觉系统，在这个过程中，猎物会被鲜艳的颜色或图案所吸引，就像蟹蛛吸引传粉者一样，传粉者会被花朵上的紫外线图案所吸引。许多杜鹃雏鸟也是利用了这一点，它们可以表现出夸张的乞食行为，让宿主鸟类情不自禁地带来更多食物。关键不在于模仿特定的事物，而在于利用感官系统起作用的方式。

在世界各地的珊瑚礁中，鱼类都会光顾“清洁站”，希望得到一些温柔的照顾。这些作为“顾客”的鱼被吸引到由清洁鱼以及各种清洁虾组成的“清洁站”。“顾客”会下潜到海底，并将体表的颜色变暗以表示它们已准备好接受服务。然后它们静静等着，张着嘴，打开鳃，等着被服务。有一条重要信息需要传达——“顾客”通常是体型较大的鱼类，它们可以轻而易举地吃掉表现得太急切的清洁鱼或清洁虾。“清洁工”和“顾客”之间的关系是互利关系的典型例子：“顾客”清除了身上令人讨厌的寄生虫、黏液和死皮，而“清洁工”得以饱餐一顿。然而，在这种关系中，很可能出现作弊行为，事实上也确实如此。

在印度洋－太平洋海域的珊瑚礁上生活着裂唇鱼。这种身体细长的小鱼体

下图 在马尔代夫，裂唇鱼身上的亮蓝色条纹向“顾客”表明它可以提供服务。

表点缀着亮蓝色条纹，为其他珊瑚礁栖息者提供服务。然而，附近还潜伏着一种狡猾的鱼：有着蓝色条纹的横口鳚。横口鳚看起来和裂唇鱼很像，以至于许多“顾客”都来横口鳚这里清洁身体；然而，“顾客”收到的却是令人不快的“惊喜”。横口鳚以锋利的牙齿闻名，它们会用这些牙齿啃咬前来接受服务的“顾客”。它们把自己伪装成一种“热心肠”的清洁鱼，但实际上只打算咬“顾客”一口。

横口鳚还能改变体色，在需要的时候可以变成橙色或暗棕色。这提供了另一条进食途径，让横口鳚可以钻进路过的鱼群，抓住机会从它们身上咬下大块的肉。为了达到这个目的，横口鳚可以模仿许多种鱼，但它们并不能一直心想事成。在“清洁站”，它们的食肉本性不仅会对来访的“顾客”造成严重伤害，

下图 一个冒名顶替者——生活在澳大利亚大堡礁的横口鳚，会通过伪装成“清洁鱼”攻击“顾客”。

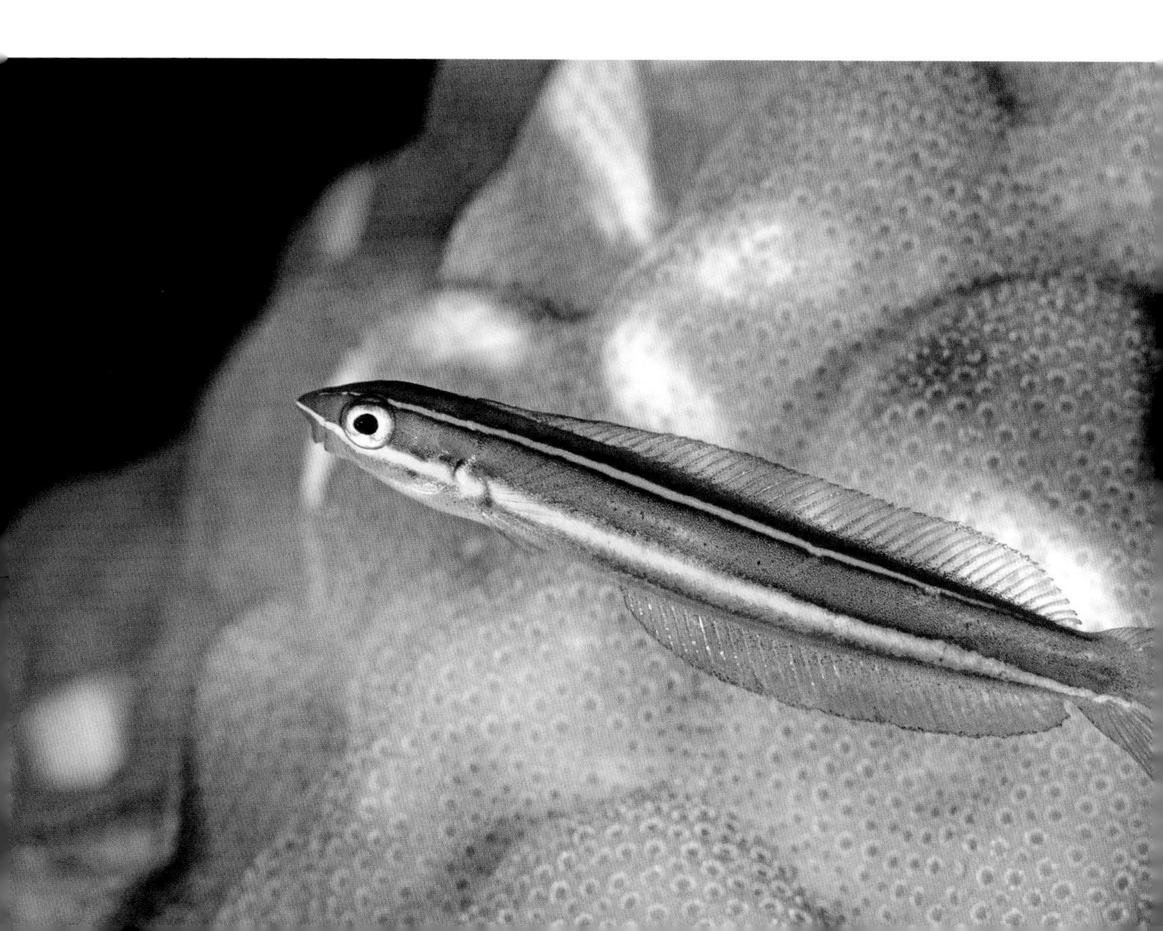

而且也会败坏清洁鱼的名声。在横口鳚那儿吃过亏的珊瑚礁鱼会开始避开它们所在的“清洁站”。这些鱼会认为这个站点是不值得信任的，需要避开。出现这种情况时，横口鳚就会冲向游过去的鱼，抓住任何机会觅食，或者，它们可能会转移到新的地方再度行骗。

横口鳚并非唯一一种用骗术来觅食的珊瑚礁鱼，其他行骗者的危险性甚至更强。一群棕色雀鲷稚鱼沿着昆士兰海岸的珊瑚礁欢快地游来游去，丝毫没有意识到周边的威胁。与它们暗淡的体色相似的还有一种入侵者：棕拟雀鲷。看上去，棕拟雀鲷就像是安全的同类，但如果这些稚鱼靠得太近，就会成为棕拟雀鲷的腹中餐。这些雀鲷迟早会意识到鱼群内部混入了危险鱼类，那时，棕拟雀鲷则必须去别的地方继续寻找猎物。后来，一群黄色雀鲷稚鱼成了理想的觅食目标，但是棕拟雀鲷还不能完全骗过它们。在接下来的日子里，它们必须从暗棕色变成亮黄色才能融入其中。当它们的伪装完成后，棕拟雀鲷就可以再次以毫无戒心的雀鲷稚鱼为食了。

***

第 262 页图 当珊瑚礁中的鱼识破了横口鳚的诡计时，冒牌“清洁工”就必须到别处寻找目标了。

背后的科学

模仿在自然界和进化过程中有着重要的意义。其中一个原因是，模仿的存在伴随着某种代价，不仅对那些被欺骗的动物来说是这样，对那些被模仿的动物而言也是如此。例如，食蚜蝇对鸟类完全无害，但许多鸟类捕食者会避开它们，鸟类因此失去了一顿美餐，而被模仿的胡蜂或蜜蜂可能也会付出代价。捕食者有时会随机攻击一些动物，即使是那些它们认为危险的、通常需要避开的动物。这种情况在捕食者年轻且缺乏经验时尤为常见。如果一只鸟碰巧捕食了一种食蚜蝇，它就会知道这种昆虫是无害的，而且美味可口。结果，它就会倾向于攻击更多的食蚜蝇，以及蜜蜂和胡蜂——毕竟，食蚜蝇是无害的，那么体色相似的蜜蜂和胡蜂在捕食者看来也可能是无害的。因此，模仿者的存在可能会给与它们相似的生物带来潜在的危险。

模仿者（例如食蚜蝇）和被模仿者（例如胡蜂）之间的关系也可能取决于它们之间的共存程度。如果食蚜蝇变得太常见了，就可能会有越来越多的捕食者对它们进行攻击，并开始看穿它们的伪装。这样一来，胡蜂受到的攻击也增加了。随着时间的推移，模仿所带来的保护效果会减弱，甚至整个模仿系统可能会有崩溃的风险。因此，从进化的角度来看，模仿者与被模仿者之间存在一种微妙的平衡，在理想情况下，模仿者的数量最好更少。在某些情况下，面临危险的被模仿者可能会进化出一种不同的体色，以摆脱它们的模仿者带来的危险。

许多模仿者采用了另一种策略，即呈现出多种形态。例如，如果一些动物看起来像蜜蜂，而另一些像胡蜂，那么捕食者识破其伪装的概率就会降低。模仿者还可能会考虑模仿对象的危险程度。例如，一种特别凶猛的胡蜂可能很少被攻击，因为捕食者可能会为自己的冒失付出巨大的代价，因此，大量食蚜蝇可能会一直模仿这种胡蜂，因为这种模仿使它们得到了更好的保护。

有时，捕食者用来引诱猎物的骗术非常高超，甚至让人毛骨悚然。在伊朗西部的山区生活着一种蛇——蛛尾拟角蝰，它的模仿能力非比寻常，而且它也是一种致命的毒蛇。这种蛇直到不久之前还很少被发现和研究，它的尾巴末端有一个奇怪的附属结构：侧面长着细长小鳞片的鳞茎状结构。多年来，人们一直不清楚其尾巴的功能，猜想这也许是单个个体的基因突变或发育异常所致。最近，科学家们成功地拍摄到了一条蛛尾拟角蝰捕猎的过程，见识了其致命的杀伤力。这条蛇巧妙地伪装成石头，轻轻地将尾巴摆来摆去，它通过这种方式制造了一个假象：这里有一只肥嫩多汁、大腹便便的蜘蛛在跑来跑去。一只小鸟飞下来，准备啄食这只“蜘蛛”，一眨眼的工夫，这只鸟就落入蛇口。利用尾巴或舌头等部位来引诱猎物的现象在爬行动物中并不少见。一些其他蛇类，如撒哈拉角蝰，也采用了这种骗术，尽管不像蛛尾拟角蝰模仿得那么逼真。撒哈拉角蝰会将部分身体埋在沙子中，只将尾巴尖伸出沙子，像昆虫的幼虫一样

上图 在伊朗，一条蛛尾拟角蝰正急切地等待着好奇的小鸟来拜访。

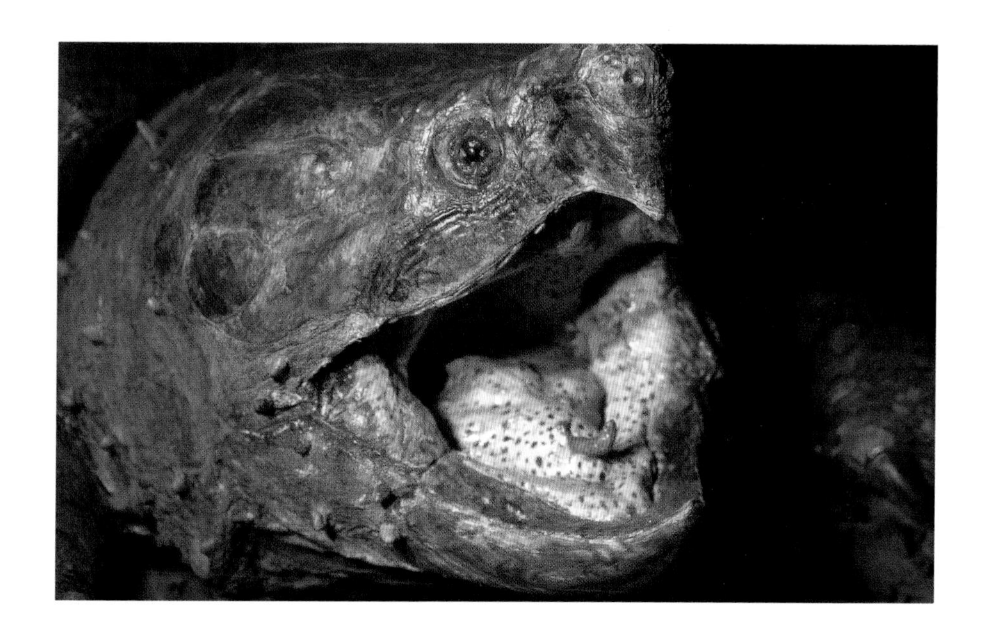

蠕动着，等待猎物上钩。

对于某些动物而言，引诱猎物是获得食物的最好方法之一，否则它们将很难捕捉到食物。北美洲的真鳄龟是一种凶猛的爬行动物。真鳄龟的体重可达70千克，一般很难捕捉到非常活跃的猎物。真鳄龟能够在水下停留半小时以上，很少冒险上岸。它们从不挑食，各种鱼类、两栖动物、无脊椎动物，甚至鸟类和其他龟都能成为它们的盘中餐。当真鳄龟潜入水下时，它们会张开嘴等待着，准备以惊人的力道咬住任何靠近的猎物。它们的舌尖有一个红色的肉质突起。我们很容易猜测，它们进化出这种肉质突起是为了模仿多汁的蠕虫。不出所料，许多猎物，尤其是鱼类，都因为这一点而将自己送到了真鳄龟的嘴里。

***

对于大多数生物而言，生存和觅食是两大重要任务，但从进化的角度来看，

上图 真鳄龟的舌头上有一条蠕动的“虫子”作为诱饵。

它们的成功与否取决于繁殖和传递基因的能力。自然而然地，一些生物会为了赢取这场进化之战而打破公平竞争。在北欧和亚洲的部分地区可以见到一种叫流苏鹬（Ruff）的鸟。对于这种水鸟而言，这个名字再合适不过了，因为大多数雄性流苏鹬都会向雌性展示它们脖子上精致的流苏状饰羽，这种羽毛与英国伊丽莎白时代很时髦的“拉夫领（ruff）”相似。与黑琴鸡和孔雀等鸟类一样，很多雄性流苏鹬通常会在求偶场进行求偶表演，雌性则会选择自己印象最深刻的雄性。少数雄性会在场地边缘徘徊，希望不用太费劲就能获得交配机会。

然而，事情其实要复杂得多，因为还潜伏着另一群看起来非常不同的雄性流苏鹬。它们没有华丽的羽毛和明显的流苏状饰羽，体型比大多数雄性小，看起来很像雌性。这些雄性偷偷摸摸地混入鸟群中，假装自己是雌性，这样当处于统治地位的雄性不注意时，它们就能迅速抓住机会与愿意的雌性交配。这种狡猾的雄性只占雄性个体总数量的 1%，大概是因为，就像食蚜蝇等采取贝氏拟态策略的动物一样，如果它们数量太多，那么其他雄性就会发现它们的欺骗

上图 在芬兰，雄性流苏鹬在求偶场上展示、打斗。在我们看不到的地方，一些形似雌性的雄性采取了不同的策略以成功交配。

行为。通过这种低调的伪装，它们有一定的概率可以成功交配，而且不用和竞争对手比拼，也不用费力展示自己。

扁身环尾蜥是南非等地的特有物种，它们生活在多石地区和瀑布周围，借助一种杂技式的跳跃技巧来捕捉黑蝇。它们可能是这个星球上颜色最鲜艳的爬行动物之一，或者至少大多数雄性是。雌性体表呈暗褐色，而成熟雄性的头部和背部覆盖着明亮的蓝绿色，前肢为黄色，后肢为橙色。

雄性扁身环尾蜥通过跳舞和炫耀来与竞争对手争夺领地和雌性的芳心，通过一些奇怪的姿势来炫耀体色和活力。如果没能分出胜负，雄性之间可能会爆发打斗，败者有时会受重伤。在展示的间隙，扁身环尾蜥必须进食，而当色彩华丽的雄性全神贯注地扑向黑蝇时，另一只颜色迥异的雄性则会去找雌性碰碰运气。它土褐色的身体并不显眼，看起来就像雌性一样。但它散发的气味表明它并非雌性，如果它能接近真正的雌性，那么雌性就有可能发现它其实是雄性，并接受它为伴侣。然而，这是一种危险的策略，因为如果这只鬼鬼祟祟的雄性

上图 雄性扁身环尾蜥向其他蜥蜴展示自己的体色，以此来保卫领地和争夺雌性。

蜥蜴离竞争对手太近，它就会受到攻击并被赶走。

当求偶竞争过于激烈时，这些偷偷摸摸的求偶策略在自然界中并不罕见。就扁身环尾蜥而言，这是一种权宜之计，只有年轻的雄性蜥蜴才会使用这种策略，因为它们还不具有足够的力量和技能来争夺领地和潜在的伴侣。当它们完全成熟时，体色也会发生变化，就不需要再使用这种策略。

乌贼堪称伪装大师，它们会用令人难以置信的变色技能来实施另一种骗术，为自己争取交配机会。为了交配，雄性必须向雌性求爱，同时还要应付其他不断前来搅局的雄性。值得注意的是，生活在澳大利亚悉尼港的雄性显形乌贼为了解决这一问题，会以身体中线为界，使身体两侧呈现出不同的外观。在面对雌性的一侧，雄性会释放令雌性心动的求偶信号，而在面对潜在竞争对手的一侧，则采用了让自己看起来像雌性的颜色组合。对别的雄性而言，采取这种策略的雄性看起来很像雌性。然而，使用这种特别的技巧时需要小心权衡，因为当周围的雄性比较多时，它发出的信息很可能被误解，导致其他雄性愤起而攻

上图 一条雄性显形乌贼在向雌性展示体色，同时在身体的另一侧呈现出雌性的外观。

之，将一切都搞砸，所以这种骗术只能小范围使用。和其他头足类动物一样，乌贼具有出色的决策能力，它的大脑知道在特定环境下何时采取何种策略最有可能成功。

***

对于很多动物而言，养育后代通常是它们一生中最艰巨的任务之一。躲避危险、筑巢、花费大量的时间和精力外出觅食并带回来给孩子，以上种种给父母带来了相当大的压力。是否可以让其他动物来代劳呢？很多动物都会这么做，对它们而言，诱骗其他动物帮它们抚养后代的关键就在于色彩的应用。

在英国的乡村，每逢春末夏初时节，人们远远就能听到杜鹃标志性的叫声。不远处，一只雌性杜鹃隐藏在树上，难以被发现。它不想被注意到，尤其是不想被正在下面筑巢的雌性知更鸟注意到。这只杜鹃监视着知更鸟的繁殖活动，等待它产下卵。知更鸟产卵后，一旦亲鸟离巢，杜鹃就会俯冲下来，几分钟后便飞走。在这短暂的时间里，它狡猾地完成了任务。现在，巢内仍有 4 颗卵，浅色的卵壳上分布着褐色斑点，但一颗卵比其他卵要大一些。在杜鹃短暂的拜访中，它移走了知更鸟的一颗卵，并产下了自己的卵。这颗冒牌卵的颜色和图案与知更鸟的卵的颜色和图案非常接近。在这只未出壳的杜鹃生命中，亲生母亲已经退场，它会继续去拜访其他潜在受害者。这种鸟的行为经常被称为“巢寄生”，它们会欺骗其他鸟类来抚养自己的后代。

知更鸟回巢后会尽职地孵卵，几天后，较大的那个卵最先孵化了。杜鹃雏鸟大声地乞食，希望它的义亲给它食物。它还有其他的计划：当知更鸟离开巢穴的时候，它会用背顶着剩下的卵，把它们拱出巢穴。现在，杜鹃雏鸟霸占了鸟巢，可以独享所有的照料，而且在羽翼未丰时，就长得比知更鸟大得多。

不过，并非所有的知更鸟都会如此配合，许多其他种类的潜在受害者也会识破杜鹃的狡猾伎俩。反过来，杜鹃为了占据上风也发展出了更加高明的技巧。双方的较量就像交战双方之间举行的军备竞赛。杜鹃的首要任务是在不被发现的情况下进入鸟巢。如果不小心被发现了，鸟巢的主人就会冲向它，甚至发起攻击，将其赶走。事实上，许多潜在的宿主鸟都对杜鹃带来的威胁十分警觉，它们在发现杜鹃后会提高警惕。例如，在东安格利亚沼泽筑巢的苇莺如果最近在附近看到了杜鹃，就会对其表现出更强的防御行为。

然而，杜鹃有一种方法可以突破宿主的防御。首先，它们行踪诡秘，很少被近距离看到，喜欢潜伏在树上秘密地观察鸟巢。其次，你如果仔细观察杜鹃，就可能会注意到一些熟悉的特征：整体上是灰棕色的，白色的胸部带有醒目的深色条纹，虹膜呈黄色或橙色。因此，就算你把它们误认为落在树上的雀鹰也是情有可原的，而这正是杜鹃想要达到的效果，甚至它们的飞行方式也非常像

鹰。如果有一件事是小型鸟类不该做的，那就是招惹一只致命的鹰。杜鹃伪装成猛禽，会使宿主误以为受到威胁的是它们自己，而不是它们的卵，它们甚至会逃离巢穴以躲避危险，让巢穴处于失守状态。它们的求生欲相当强，许多鸟甚至在看到胸前羽毛上涂有黑色条纹的林鸽时也会慌忙避开。

即使杜鹃突破了这第一道防线，离寄生成功也还为时尚早。许多宿主鸟能在卵孵化前就发现这些冒牌货并把它们丢出去。这种情况的出现主要是因为杜鹃卵的颜色与宿主的卵并不相像。正是这种选择压力促使大杜鹃首先学会卵色模拟的技巧。要想成功，大杜鹃必须突破宿主的防御，这意味着要骗过宿主敏锐的眼睛。

然而，故事到此还不算完。一些杜鹃会专门将卵产在特定宿主的巢中，但并非所有杜鹃都会选择同一种宿主。例如，一些大杜鹃以知更鸟为目标，另一些则以苇莺、林岩鹨、燕雀等为目标。在英国，人们发现大杜鹃会经常利用至少 6 种鸟，但它们有时也会在其他物种的巢穴内产卵。在世界范围内，大杜鹃可能利用了几百种鸟帮助自己抚养后代，不过其中有许多宿主只是偶尔之选。一般而言，那些主要利用某几种宿主的杜鹃，产下的卵与它们最喜欢的宿主的卵十分相似。但实际情况要更加复杂，因为这还与宿主的识别能力有关。例如，燕雀具有很强的辨别能力;所以以燕雀为目标的杜鹃卵必须与燕雀卵非常相似。相比之下，林岩鹨则完全不排斥其他鸟的卵。从进化的角度而言，林岩鹨可能是一个相对新的宿主物种，因此杜鹃卵不需要模仿林岩鹨蓝色的卵，因为无论杜鹃产下什么样的卵，林岩鹨都通通接受。简而言之，那些有着较强辨别能力的宿主鸟促使杜鹃进化出更好的模仿卵的能力。

虽然诱骗其他物种帮自己抚养后代的好处十分明显，然而令人惊讶的是，世界上只有 1% 的鸟类属于巢寄生鸟类。部分原因是，正如我们所知，一些宿主会反击，所以成功率并不总是像我们想象的那么高。此外，大多数鸟类可以

左页图 大杜鹃的卵比鸟巢中的其他卵都要大，这是一个明显的破绽，但苇莺亲鸟似乎很少注意到，而是更关注卵的颜色。

直接筑巢，而杜鹃雌鸟必须四处寻找潜在的受害者，并等待合适的时机在它们的巢中产卵。(尽管如此，有着巢寄生行为的鸟类至少经历了7次“进化变革”，所以在很多情况下，这种生活方式肯定是有其合理性的。)宿主有时会发展出非常强的防御能力，几乎总能让巢寄生鸟类的如意算盘落空。在这些情况下，如果巢寄生鸟类的卵已经与宿主的卵高度相似，很难匹配别的宿主的卵，且自己又无法养育后代，它们就会陷入困境，无法成功繁殖。也许正是由于这个原因，随着时间的推移，巢寄生鸟类比亲自哺育雏鸟的鸟类更有可能灭绝。

***

大杜鹃曾经被视为世界上大多数巢寄生鸟类的代表，但我们现在知道，这些鸟类之间也有很多不同之处。在澳大利亚内陆地区生活着沼泽噪刺莺，它们是棕胸金鹃的寄生目标。筑巢时，沼泽噪刺莺会建一个封闭的圆顶巢，让白色的卵躺在黑暗之中。令人惊讶的是，棕胸金鹃很少模仿宿主的卵的颜色，棕胸金鹃的卵是深褐色的，卵的表面有一层厚厚的色素，摩擦之下甚至会掉色。棕胸金鹃的卵在巢中伪装得很好，宿主很难看出什么差别，所以沼泽噪刺莺很少拒绝棕胸金鹃的卵。这可能是因为沼泽噪刺莺从来没有机会进化出排斥行为。棕胸金鹃之所以会有这样的卵，可能还有另一个原因，那就是为了提防其他杜鹃。在杜鹃广泛分布的地方，每只沼泽噪刺莺都可能会被多只杜鹃盯上。然而，没有一只杜鹃希望自己的后代必须与另一只杜鹃的后代竞争。就像大多数巢寄生鸟类一样，杜鹃雌鸟在产卵的时候，会移走巢里的一颗卵，而移走另一只杜鹃的卵对其而言是最有利的。因此，每只棕胸金鹃都能通过产下伪装效果很好的深色卵来减少自己的卵被竞争对手发现、移走的机会。

澳大利亚是许多巢寄生鸟类的家园，这里出现了一些欺骗与反欺骗的典型案例。也许是因为许多宿主的巢穴内部都是黑暗的，所以它们很少进化出卵排斥行为。在黑暗的环境中，宿主无法清楚地看到卵与卵的差异，从而无法准确地做出判断，会增加把自己的卵扔出去的风险。然而，最近人们发现，澳大利亚几种金鹃的宿主拒绝的不是卵，而是雏鸟。其中一种宿主——华丽细尾鹩莺会把霍氏金鹃雏鸟独自留在巢中，任其自生自灭。毕竟，杜鹃雏鸟把宿主的卵都扔了出去，只留下了自己，这会让义亲意识到发生了不幸。还有一些宿主的鉴别能力更强，能够在为时过晚之前拯救自己的后代。被棕胸金鹃盯上的几种噪刺莺会主动把巢穴中刚孵出的杜鹃雏鸟扔掉。更惊人的是，棕胸金鹃也有自己的对策，它们以特定的宿主为目标，它们的雏鸟与宿主雏鸟的皮肤颜色有惊人的相似之处。就像欧洲的大杜鹃会模仿鸟卵的颜色一样，这是一种考验宿主辨别能力的把戏。最近，在新几内亚岛一些鲜少被研究的鸟类中，也存在对宿主雏鸟的模仿行为。这种现象可能比我们意识到的更为普遍。

巢寄生鸟类在寄养的过程中会遇到两大挑战。突破宿主的防御是第一项挑战，而一旦杜鹃雏鸟被接纳，它还有另一项挑战——它必须尽可能多地从义亲那里得到食物和照顾，以便在羽翼丰满之前长得又大又壮。由于许多杜鹃巢寄生的宿主通常比它们小得多，杜鹃雏鸟必须想方设法鼓励宿主喂养它们。这一点相当重要，因为如果宿主只需喂养一只雏鸟，而不是一窝雏鸟（比如4只），它们通常会减少带回鸟巢的食物量。

大杜鹃的雏鸟以它们的乞食行为而闻名，例如，那些以苇莺为宿主的大杜鹃雏鸟会发出夸张的乞食声，就像巢穴里有4只苇莺雏鸟一样。而且，这种雏鸟的嘴巴里面还是鲜红色的。其他一些杜鹃雏鸟则使用更令人难以置信的视觉骗术进行乞食。在日本富士山海拔2000~3000米的山坡上，生活着棕腹鹰鹃。棕腹鹰鹃并不常见，像大多数杜鹃一样行踪难以捉摸。它的寄生目标是红胁蓝尾鸲，这种鸟在山坡上黑暗的小洞中筑巢。在茂密的森林里，光线暗淡，鸟巢内部也很阴暗。红胁蓝尾鸲的鸟巢也是捕食者的主要目标，这导致红胁蓝尾鸲

第274~275页图 尽管杜鹃雏鸟体型巨大，但苇莺养母仍然无法抗拒它的乞食声。

经常会繁殖失败，所以杜鹃雏鸟不能大声乞食，否则它也会成为捕食者的一顿美餐。因此，当红胁蓝尾鸲义亲来喂养杜鹃雏鸟时，后者会举起一只翅膀，在阴暗的环境中露出翅膀上明亮的黄色斑块，以这种方式疯狂地乞食。翅膀上斑块的形状非常像雏鸟的喙，让宿主误以为鸟巢里的雏鸟不止一只，而是两只甚至三只。结果，义亲给生长中的杜鹃雏鸟带来了更多的食物。红胁蓝尾鸲生活在海拔较高的地区，那里不仅光照条件差，环境阴暗，而且还充满散射的紫外线。红胁蓝尾鸲可以看到紫外线，而杜鹃雏鸟翅膀上的黄色斑块能反射紫外线，以提高宿主对斑块的关注度。

非洲也有相当数量的巢寄生鸟类，包括维达雀。维达雀会在其他雀类的巢中产卵，它们和宿主鸟的喙都有令人惊叹的颜色。有些雏鸟的鸟喙内部有黑色斑点，而边缘则有着显眼的蓝色或白色突起。这种鸟喙很可能是宿主雏鸟在受到巢寄生鸟类威胁之前进化出来的，因为许多没有被寄生过的雀类也有这样的特征。因此，宿主雏鸟最初进化出这种鸟喙的目的可能是向喂食的亲鸟发出信号，指示哪些雏鸟处于最佳状态。这些斑纹会刺激亲鸟带回更多的食物，更重要的是，可以向亲鸟展示食物的投喂位置。因此，寄生的维达雀必须进化出与宿主雏鸟非常相似的喙部斑纹，否则它们就会错过喂食。长久以往，这可能会导致一场“军备竞赛”。宿主雏鸟进化出了更复杂的喙部斑纹，以获得更多的食物，尤其是在面临巢寄生的风险时，而维达雀雏鸟也跟着进化，最终的结果是形成了多种显眼的喙部斑纹。

***

人们可能认为欺骗是动物独有的天性，但事实并非如此。植物和真菌也会耍花招——通常涉及对光线和颜色的运用。其中最主要的欺骗者是兰花（总数量约为 3 万种），自然界中约三分之一的兰花吸引昆虫来为自己传粉而不向它们提供任何回报。在更公平的交易中，大多数植物的花会为传粉者提供好处，通常是花蜜或一些有营养的花粉。然而兰花却利用骗术让传粉者“做白工”。这意味着，在没有奖励的情况下，兰花必须用其他虚假的承诺来引诱昆虫。

虽然蜂兰在英国可以自花传粉，但在有些地方，它们的花需要雄性蜜蜂传粉。这些昆虫会将花朵误认为雌性蜜蜂，不仅因为花朵的颜色，还因为它们的气味，这种气味很像雌性蜜蜂释放出的“到这里来”的信息素。在试图与花朵交配的过程中，蜜蜂会沾上花粉，然后将花粉运送到它无法抗拒的下一株植物上。这是兰花科许多物种共有的特征，它们呈现出传粉昆虫潜在配偶的颜色，从而使昆虫误认为此处有交配机会。其他一些植物也会用类似的方式欺骗传粉者。南非雏菊的一些花瓣上有着暗色的突起，对雄性蝇类而言，这看起来就像准备交配的雌性，于是它们浪费时间和精力试图与花朵交配，最后成功为花朵传粉。随着时间的推移，它们会学会避开这种花，而这又促使南非雏菊进化出许多不同的颜色类型，包括黄色、橙色和红色，并带有各种各样的图案，这样就能一直将这些昆虫蒙在鼓里了。

欺骗不仅仅被植物当作繁殖策略。食肉植物往往生活在难以获得足够营养的地方，于是许多食肉植物逐渐掌握了各种狡猾的伎俩，用无脊椎动物来补充营养。这些植物通常看起来优雅、美丽。茅膏菜通常生长在沼泽中，它明亮的红色结构上有着闪闪发光的黏液，可以困住任何从它身上走过的小生物。有些猪笼草可以长出红色的瓶状体，当光线穿过这种瓶子时，它看起来就像在发光。猪笼草的瓶子里充满了消化液，顶部边缘较为光滑，昆虫如果爬到或降落在瓶口，就很容易落入下面的陷阱。一些猪笼草的瓶口边缘能发出淡蓝色的荧光，吸引蝇类和其他昆虫，这种荧光对蝇类等生物而言是不可抗拒的诱惑。许多食肉植物都会用它们鲜红的外表引诱昆虫，包括著名的维纳斯捕蝇草，这种捕蝇草有着可以开合的“捕虫夹”。

第 278 页图 · 上　素有“苍蝇地狱”之称的维纳斯捕蝇草是一种典型的食肉植物，当猎物触碰到捕蝇草的刚毛时，就会触发“机关”，正如这只胡蜂所经历的这样。
第 278 页图 · 下　一种产自苏格兰马尔岛的茅膏菜上面有闪闪发光的黏液。

并非只有植物会耍花招，真菌也不遑多让。巴西有一种被称为“椰子花”的真菌，它们在晚上会发出一种诡异的绿色荧光。这种发光机制是由真菌体内的昼夜节律控制的，它们只在黑夜里发光。真菌发出绿光以吸引昆虫，昆虫在真菌上爬来爬去，体表会沾上孢子，然后将其传播到很远的地方。

还有一些植物和真菌更多地使用化学物质来实施骗术，而不是或不仅限于改变颜色。这些生物可能还有更多的骗术，我们所知道的仅仅是冰山一角。

***

自然界中生物的骗术数不胜数，并以多种多样的方式发挥作用。虽然我们谈到了“骗”这个字眼，但自然界中的生物为了生存所采取的行为并没有对错之分，也无关乎道德。生存下来、繁衍生息就是王道。如果通过欺骗和伪装能够实现这个目标，那这些策略就将为它们所用。公平竞争通常需要付出精力、时间，还可能充满危险，如果欺骗性的行为和体色有助于它们生存、觅食和繁殖，那么众生万物均会如此。然而，大自然往往会维持微妙的生态平衡，如果出现太多的欺骗行为，生态系统可能就会崩溃，而动物会学会远离欺骗者。这又会增加欺骗者的生存压力，它们可能需要再次改变体色，这样才能骗过怀疑者的眼睛并生存下来。在自然界中，生物为了生存而选择欺骗策略的经典案例可谓比比皆是，例如模仿毛虫的鸟类、模仿花朵的昆虫。一个个优秀的行骗高手，正是进化之手的杰作。

第 280 页图 · 上　一些植物和真菌会在紫外线下发出荧光，比如这些生活在巴西大西洋森林里的真菌。
第 280 页图 · 下　南非雏菊在春天成片绽放，它们的黑色突起吸引了试图与之交配的雄性蝇类。